绽梦社 · 木子玲 著

女先生²

Ms PowerFull

情感进化篇

Dare to live a dreamy life

当代中国出版社
Contemporary China Publishing House

2017 年 · 北京

图书在版编目(CIP)数据

女先生. 2, 情感进化篇 / 绽梦社·木子玲著. --北京 : 当代中国出版社, 2017.5
(女先生系列)
ISBN 978-7-5154-0771-5

Ⅰ. ①女… Ⅱ. ①绽… Ⅲ. ①散文集—中国—当代 Ⅳ. ①I267

中国版本图书馆 CIP 数据核字(2017)第 030997 号

出 版 人　曹宏举
策划编辑　隋　聃
策划支持　绽梦社
责任编辑　隋　聃
特约编辑　郑　岩　孔君晖
插画作者　LINSHU 琳姝
责任校对　康　莹
封面设计　绽梦社
出版发行　当代中国出版社
地　　址　北京市地安门西大街旌勇里 8 号
网　　址　http://www.ddzg.net　邮箱:ddzgcbs@sina.com
邮政编码　100009
编 辑 部　(010)66572264　66572154　66572132　66572180
市 场 部　(010)66572281　66572161　66572157　83221785
印　　刷　北京润田金辉印刷有限公司
开　　本　880 毫米×1230 毫米　1/32
印　　张　5.75 印张　7 插页　95 千字
版　　次　2017 年 5 月第 1 版
印　　次　2017 年 5 月第 1 次印刷
定　　价　29.00 元

卷首语

一个极其懂爱的女生，
她温柔、谨慎、真诚，又时而坚强、
跳跃、矛盾，
是一位典型的女先生。
在这里，
她，
将为你娓娓道来：
女性，这个性别所历之复杂、艰辛、甜蜜、崇
高的情感进化历程，
我们曾年少、青春，直至，更年、终老。
于是，
我们便轻狂过、炽烈过，而后，领悟、升华。

目　录

第3章

在安逸的生活里苟且，还是高傲地走向远方？

第4章

重生纪

序言：最最亲爱的妈妈，我想你

2016 年 5 月 14 日，我在忙着写一个很早就答应编辑要写的短篇稿，还有两个小时就要过凌晨，可是 Word 文档里，却可怜兮兮的只有两三百个字，这让我抓耳挠腮。想起曾经信誓旦旦地答应了编辑，一定能够在 5 月 15 日按时交稿。可是交稿的时间迫在眉睫，该写出来的稿子就是一个字都写不出来。

有什么办法呢？没有办法。灵感这种东西，来的时候行云流水，可是没有的时候，又不能强行去写。就在火烧眉毛之际，老妈的电话就打了过来。

“玲玲，忙么？”她问我。

“还好呀，不忙，怎么啦？”

老妈在那头笑呵呵地跟我聊起天来，从天南说到地北，从家里购置了什么家具，到最近她吃了什么饭，就连她最近买了什么样的鞋子，都一一告诉了我。开始的时候我还能跟她好好地聊，可是看着时间一点点地往前走，离十二点还差一个小时，我就有些着急了，再这么聊下去，我的稿子怕是真的不能按时交了。于是跟她聊天的心思也逐渐敷衍起来。

她读书少，却蕙质兰心、心思细腻，察觉到我的敷衍，就问我怎么了。写作上的事情，我向来很少与她沟通，觉得跟她说了，她也不会明白，与其让她徒增烦恼，不如把有些事情埋在心里面，所以我就说时间太晚了，想要睡觉。以往我这么说的时候，老妈总是很快就挂了电话，可是这回这个方法却没有奏效，她只是“哦”了一声，表示在听，紧接着又继续聊着她的。

“老妈，实在太晚啦，明天我给你打过去吧。”我说。

老妈问：“再聊一会儿吧，我今天想跟你聊天……”

也不知为什么，她今天这么想跟我聊天。

“明天嘛！我明天晚上早点给你打电话，到时候说久一些！”我跟她商量。

最后老妈终于同意下来，挂断了电话。

挂了电话，看了看发烫的手机，我摇头笑了笑，人啊，一上了年纪，就是再少言语的人，也会变得絮絮叨叨。想当年，我老妈就是一个话少的人，她喜欢多做事、少说话，深信“祸从口出”这四个字，所以结交的朋友少之又少。

小时候家里来人做客，我见她只是笑着看着她的那些朋友，很少说话。对此我好奇不已，就问她为什么别人来家里做客，她却说的那样少。她当时跟我说：“少说话，多做事，朋友之间的关系才能变得简单。她喜欢跟你接触，就不会在乎你的话多话少，但是你一旦说的太多，无意间就会得罪人。”

我当时就笑她：“瞧瞧，你话说的那么少，朋友也少，能不孤单么？”

她依旧我行我素，该怎样还是怎样。

那些年她的生活啊，简单得不能再简单，每日在田地里辛劳耕作，日出而作、日落而息。每逢下雨天干不了农活，就叫上她的几个好友，要么坐在家里聊天，要么约着一起出门散步，日子悠闲自得，虽然钱挣得少，却不曾亏待我跟哥哥二人。平日省吃俭用、辛勤持家，街坊邻里但凡提起她，总是忍不住竖起大拇指，除了对她不爱言语这个事情颇有些微词之外，其他的还真就说不出什么毛病了。

越是回忆，越是从心底里生出几分对老妈的愧疚之情。认识我的人都知道，除了写小说之外，我也会写一些随笔感悟，出版的几部作品里，将身边熟悉之人的故事，差不多都讲完了，乃至一些平时在我豆瓣或者微博私信里的人，也渐渐有所提到。可是唯独对老妈却寥寥几笔，好像老妈是我不太愿意提起来的人一样，然而事实却并非如此。

去年过年回家，见老妈不知从哪里找到我两年之前的作品，戴着老花镜一个字一个字地指着念，那本书其实一个生僻字都没有，可是她却读得很慢。老爸坐在沙发上看电视，见她看得吃力，索性拿过书，给她读。

因为不太习惯被人当面念我的作品，所以当时我有些不好意思，就生出了一种想要把书抢过来的念头。然而我才走到老妈身边，老妈就把书抱在怀里："你要抢书，是不是？"

我讪笑着，点了点头。

老妈指了指我卧室的门："回你房间写字去，不许出来打扰我。"

见她没有商量的余地，我只好垂头丧气地进了卧室，老老实实地写稿子。

到了吃晚饭的时间，老妈在饭桌上跟我控诉，手指着其中一篇文章："为什么我就这么一点点……"

我一脸迷糊，什么一点点，哪里一点点？

顺着她的手指，我看过去，才发现她说的一点点，是我曾经写到的有关她回忆的文章。

她又说：“你连陌生人跟你发条微博私信，都能有好几千字的文章去写，我可是你亲妈啊，你就这么一小段就写完了？”

我心虚不已，连连赔不是，跟她说那个时候还没有要专门写一篇文章的打算。本来以为这件事情只要解释一下就算过去了，哪儿知她跟我铆上了。又问我，在我心里头，她是不是我最重要的人。

我点点头，表示是的。

老妈又回到原来的话题上，问我：“既然我那么重要，为什么只写了这么一点点。”

……

虽然我不算能言善辩，可是也不是笨口拙舌，任何事情都能说出个一二三来理论，可关于老妈说的这个，我还真不知该说点啥好，紧急情况下只好求助老爸。最后在老爸的插科打诨下，老妈终于不在原来的话题上继续。

只是在吃完饭，我洗碗的时候，老妈站在我身边幽幽地来了一句：“为什么我就那么一点点呢？……”

我要怎么跟她说呢？写文章这件事情，虽然爱好占了一大半，可是市场还要有一定的比例，有些时候，不是你文章写得好，就一定能够出版。出版单位的编辑还要看你写的文章有没有市场价值。这是作为一个专职撰稿人的无奈，却也是活生生的现实。

从决定辞职专门写作时，我就很清楚这一点，所以决定写文章之前，都会先看一看市场。尽管这样，可是有时候我的文章仍然卖不出去，有时候因为太过喜欢自己的作品，也会降低价格去卖给出版公司。

其实很早之前，我就想写一篇文章专门说一说老妈这个人，可是却一直没有找到适当的时候……。那天老妈说出了那番话之后，我心里一直有个想法，将来时机合适，一定要专门为她写一篇文章，让她心里高兴高兴。

那么市场呢？

罢了，就让它去吧。钱对我来说，虽然十分重要，可是老妈对我来说，却更加重要。她引以为傲的女儿，写了那么多文章，却没有一篇是关于她的，这是她的心结，后来也成了我的一个心结。身为女儿，我为不能满足她这一愿望而耿耿于怀……

想到过往种种，我忍不住感慨了一番，这一感慨，就已过了凌晨五点。深夜的月亮又圆又大，看上去美丽极了。不知不觉地又想起老妈来，在我的印象中，她虽然没有文人那样悲伤春秋的心思，可是也爱风花雪月，每逢下一场大雪、路过一个花园，或者在一个月亮特别圆的晚上，不论心情是好是坏，她都会因为上述种种而变得开心起来。

这一晚上，我做了一个梦，梦到老妈满脸慈祥地看着我微笑。

第二天醒来之后，算了算时间，我大概有半年没有回去了。可是最近又没有时间回去，想想也是有些遗憾。

正在心生遗憾时，故乡的朋友梅子给我发了一条微信，问我：“昨天你是不是没有给阿姨送礼物啊？”

我有点纳闷：“没有啊，怎么了？”

梅子连发好几个惊讶的表情：“不会吧，我都给我妈买花啦！”

我这个发小因为挣钱不多，手头很紧，很少会在不必要的开支上浪费钱，可这次却……，我一时忍不住，就问她：“难道昨天是个很特殊的日子么？”

梅子又发了一个偷笑的表情：“我不说，你自己去猜。”

猜什么啊猜，直接打开日历看一眼就知道是什么日子。翻开日历才发现，昨天，竟然是母亲节。

一时之间，我有些愣住了，忽然明白她昨天抱着电话聊了那么长时间，也许就只是想让我跟她说个“母亲节快乐”。

或许天下的母亲大多如此，尽管表面上看起来对子女无话不说，可是很多时候会把想要说的话放在心里。

是啊，不放在心里，还能放在哪里呢？

难道要让她亲口跟我说：今天是母亲节，玲子，你祝我节日快乐，好不好？

这种话一旦问出口，就算我真的说了，也是发自真心，可是那又怎么样呢？不过是一个要来的问候。这种问候，看起来就如同一个施舍。我那性子骄傲的母亲又怎么可能会去接受。

既然我不说，那她就一直等。可是她没有想到，等来的却是我要她挂电话。

我的心在这一刻被微微地刺痛了，想起自打我有记忆以来，家里的生活一直都不怎么好。老爸因为要给我挣学费，常年不在家。我上学时，但凡衣服有流行的款式，她总是想方设法地给我买来穿。至于零花钱，虽然不多，却也是她尽自己最大的能力来给的……。这个给我最多关爱和保护的人，一直都在不计回报地默默付出着。可是我却在能够为她减轻一些负担的时候，只身一人离家远远的，甚至于连在节日送去一份问候的时间都会错过……

想到这里，我开始审视自己。

玲子，你真的忙么？并不是的，除了每天写字之外，我就只剩下看书学习。我不喜交际，身边的朋友用几根手指头就数得出来。

那么既然不用交际应酬，也不用每天上下班赶地铁，除了写字看书之外，剩下的时间都用来干什么了？

仔仔细细想了想，我不追剧，无论韩剧、美剧，都很少会到那种非看不可的程度，所以耗在网上的时间，就只有靠刷微博来打发时间了。

对！我把很多的时间都放在了刷微博上，看看圈子里的人都在干什么，哪些明星出了绯闻，哪些人在微博上骂战，谁跟谁一言不合就开撕……我不参与、也不回应，就只是作为局外人看热闹，可是仅仅是看热闹，就浪费了很多光阴。

我把太多的精力都放在与己无关的事情上，那些所关注的东西，既不能带给我知识，也不能带给我财富。在说出这番话的时候，可能有些人要抨击我了，说，我作为一个文字工作者，怎么能把金钱作为一个参考的标准？可是亲爱的你们，我早已过了那种为了爱好就可以分文不要的年纪，我有自己的生活要过，没有钱，我拿什么来维持我热衷的文字生涯？我又想起我老妈说的话，她说，玲子，爱文字是你觉得非常重要的事情，可是你要更加爱你自己。只有让自己变得衣食无忧，你在文字上才能走得更加长远……

因此，这么多年以来，我尽量让自己分成两个人：一个我用来写价高的，能让我衣食无忧；另外一个我，专门用来写自己爱写的，管它能不能挣钱，管它有没有人爱看。所以你们看，这些年来，我写了那么多作品，一路走来摸爬滚打，风里雨里都没有放弃这份文字的工作，可是我还是没有能红起来，写的书永远都是卖得不死不活的状态，可是我仍然还在做着我喜欢的事情，这源于老妈对我不停的鼓励。

每当我不想写，或者觉得自己写不下去的时候，老妈就对我说："不要急，你急什么呢？扎扎实实走稳每一步，努力多看书，看好书。努力写字，写好字，至于以后能怎样，且走着、看着。"

老妈虽然没有踏过我这个圈子，可是她说的很多话，却在我这个行业很适用。她说，全天下写作的人这么多，凭什么你以为你就可以出人头地？没有机会的时候，你只有埋头勤奋去写，自然而然会有人看到你的能力……

于是这几年，我一直写着，一直看着，从最初几千块的稿费到现在几万块的稿费，从当年出一本书就沾沾自喜，到现在觉得出版已是家常便饭，不得不说，老妈在其中起着很大的作用。

如今我虽然还是不能做到宠辱不惊，可是至少看淡了很多事情，也学会了很多事情都去看淡看轻，老妈教给我的虽然不是知识，可是却比知识更有力量，它能让我一直在写作的道路上保持着初心。我最最亲爱的老妈……

正在我的回忆如泉水一般涌动的时候，梅子忽然又跟我说："阿姨今天来我家串门了，好多叔叔阿姨都问她呢，说昨天母亲节，你给她买啥了，阿姨就是笑着不吭声。我以为你买的礼物特别大，她不想显摆，哪儿知道是没买啊！"

梅子一番话，让我更是羞愧的抬不起头。这些年虽然我回家的次数屈指可数，可是逢年过节，我总会带回去心意，不是给她的银行卡里偷偷打点钱，就是托在家乡的朋友给她稍去礼物。唯独这一次我什么表示都没有，还让老妈亲自打电话过来。

想起老妈总在长辈面前夸我，说我就算去了别处，可是心里仍然有她；说她的女儿读了这么多书，却没有嫌弃家里有个几乎不识字的老妈；还说我将来有出息了，就带我回河南，让家里那帮曾经瞧不起我们的亲戚好好开开眼，让她抬头挺胸地骄傲一回。

不知道你们的妈妈是什么样子的，是不是也跟我的老妈一样，会因为你稍微一点点的优秀就欢天喜地，会为了你的好而自豪，总之，只要是有关于你的，她都会格外地关注。她所有的感情都倾注在你身上，那是多么伟大的一件事情。

说真的，如果可以的话，我希望你们不要像我这样，逢年过节送上的礼物跟问候，都不足以说明心中对她的挂念。如果条件允许，能留在妈妈身边工作，是最好的选择。

因为岁月不等人，那些青丝变白发，那些曾经犹如打了胶原蛋白的细嫩皮肤，总会在你不经意的时候，就悄悄变褶皱，当细碎的皱纹爬满了她的脸，当她步履变得蹒跚，腰背变得佝偻，当她老成了一个孩子，需要你时时刻刻给她打电话报平安，更需要你在一个特殊的日子给她表达心意……如果真的到了这个时候，或许你就会跟我一样，一旦某个不经意的瞬间疏忽了对她的爱，就会跟我现在这样悔恨，这样自责。

明明可以更好地去爱她，如果我现在不顾一切地回到故乡。可是能么？不能，她明明知道我留在武汉才是对我最好的选择，也知道我满足于现状。她曾说过，我是一只养在池塘里的海豚，从很早的时候起，她就知道，迟早有一天我会游到大海中去，武汉就是我的那片海……

写到这里，我的视线开始变得模糊起来，抬起手擦掉了眼泪，拿着手机打开了美团软件，位置定在石河子市，搜索了鲜花店，然后下单买了一束康乃馨。因为我不在石河子市，又没有办法回去，卡片自然是没有办法手写的。让鲜花店的人帮忙写了一张卡片：妈妈，我爱你。

老妈字认的不多，可是这几个字，她一定是能认得的。

做完这一切，我放下了手机，对着屏幕嘿嘿地傻笑——我这么熟悉她，在她收到鲜花的时候，肯定会先打过来电话，斥责我瞎浪费钱，说买花干什么啊，又不能吃不能用，你自己管好你自己就好了……但是呢，她会一边抱怨我乱花钱，一边又抱着鲜花笑得合不拢嘴。

然后等她的好朋友来了，她就会抱着鲜花跟她朋友炫耀：看，这可是我女儿给我买的呢！她的朋友会一脸羡慕，想要用手去摸一摸，老妈一定是不允许的，她会洋洋得意地看着她的朋友们："这是我的花，你要是想要，去问你们家的孩子要呀！"

说这番话的时候，她一定是满面带笑，要多高兴就有多高兴。只要她高兴，我买花买得也高兴。虽然我爱钱不假，可是我更爱老妈。

当然，这只是我送给她的第一个惊喜，第二个惊喜就是我终于为她写了一篇有关于她的文章，虽然字数不多，却也了了她的一个心结，同时也了了我的一个心结。

我写过这么多文字，没有一篇写出来的时候像现在这样感到满足。

当这篇文字印成铅字的时候，我一定要第一时间寄给她。

我想那个时候，她依然会看得很吃力，最后老爸看不下去，拿着我写的书给她念。

念着念着，她的嘴角会微微扬起，脸上会浮现出幸福的味道，她终于能活在我的文字里，能透过那些文字，明白一个远在武汉的女儿，心中有多么地爱她。

那些爱，是我从来没有说出来过的，可是没有关系，到了那个时候，她就全部都会明白。

写了这么多，千言万语，都可以汇成一句话：妈妈，我想你。

想你的啰唆，想你的关怀，还想念你做的平日里我觉得并不好吃的饭菜，想与你有关的一切。

如果此时的你正在读我的文章，也被我零零碎碎的话语所触动，如果在这个时候，你也想你的妈妈，那么就在此时此刻，拿起你手中的电话，跟她说一声“爱她”吧。

趁现在，还来得及。

2016 年 12 月

第1章

16岁的你，甚至可以和猴子谈恋爱！

1.1 给你，给我，给曾经逝去的青春

女主我们姑且叫她粽子姑娘吧！

粽子其实并非她的原名，只是她特别喜欢吃粽子。打从记事的时候起，别人吃零食，她就吃粽子；别人买化妆品，她把花在脸上的钱也用来买粽子。这让她的朋友们无语了，笑她："要不以后我们叫你粽子得了？"

她从一堆粽叶里抬起头，扶了扶厚厚的眼镜框，慢吞吞地说："好啊。"

于是这个外号就被叫起来了，大家一天到晚都粽子粽子的喊她。有了外号，她也不生气，笑眯眯地继续吃她的粽子。

问她为什么就那么爱吃粽子，她摸了摸头，也是一脸不解。

得，谁还没个说不清的爱好，想想她们不也在买买买的路上越走越远了吗，谁又能说出一个究竟为什么那么喜欢买呢？

每当放学后，粽子的朋友去逛街买衣服，粽子就去小卖部

买粽子，有时候大家就跟她开玩笑，说既然粽子那么喜欢吃粽子，以后把粽子当男朋友好了。她也不恼，该吃粽子吃粽子，该学习学习。

到了期末考试来临，那些平时不爱学习的人可就要遭殃了，个个跑到图书馆去抱佛脚。粽子也被抓来，给她们划考试重点。

在图书馆里，粽子拿着钢笔给她们圈圈点点，正好有一个男生走过来，问她们谁带了多余的笔。

粽子二话没说，把手里的笔递给她。那男生一走，立马就有人起哄了："粽子，五百多的钢笔啊，你眼睛都不眨地就借人了，不还怎么办啊？"

粽子什么也没说，把身旁人的笔拿过来，继续划考点。

这天晚上，粽子躺在床上死活就是睡不着了，她脑海里翻来覆去就想着一个成语：一见钟情。

那男生远远地朝她走来，穿着白衬衫，利落的短发，笑起来的时候好温柔，手里抱着几本书，离的近了她才看见，是当代文学史。多美好的人儿啊，现在哪儿有人喜欢看这么枯燥的东西，读过几本网络小说就自觉学富五车的人大把大把的……，越这么想下去，她就越发地睡不着。好像这样一个男生，是她之前从来没有见过的，美好得简直不像话。

窗外的月亮又圆又大，舍友早就睡着了，她把手机的备忘录调出来，写下一句话：今天我碰见了我的爱情，我不知道他叫什么名字，不过没有关系，我想一定还能再见到他的。

第二天上完了课，她在食堂里吃了饭就往图书馆跑，仍然坐在昨天划考试范围的地方。装模作样地也拿了本文学类的书在看，心里却一直七上八下地跳个不停。

正等得焦躁不安之时，她心心念念的那个男生进了图书馆，她一激动，端起杯子作势喝水，不妙，被呛住了，“咳咳咳咳……”就这样，安静的图书馆，只有她一个人“尽情地呐喊着”。周围好多同学不停往她这儿看，唉……，头一回这么丢人。不行，不能给那男生留下坏印象，忍住，忍住！结果，咳咳咳咳……，这咳嗽就像是偏要跟她作对似的，越是去忍就越奔放不羁起来，脸都咳红了。

粽子小姐心里又恼又羞，等他走到她身边的时候，她根本不敢抬头。现在她的样子，真的好丑——无比尴尬和窘迫。

忽然，他轻轻拍了拍她的后背，她的脸就更红了，咳嗽就像突如其来的暴风雨，怎么挡都挡不住，挡不住也就罢了，偏偏还越来越猛。见她咳得快要喘不过气了，那男生蹲了下来，从包里拿出一盒药，说：“咳得这么厉害，没吃药吧？我刚好有治咳嗽的药，你要不要？”

那声音听上去如沐春风，让粽子心里的某个角落都要融化了，她支支吾吾地说：“好啊。”

于是接过他给的药，也不喝水，就那么咽下去了。

他惊讶了：“你都不喝水啊。”

粽子“嘿嘿”笑了两声，倒是没说话，光看他就够了，哪还用得着喝水啊！

男生见她吃完药也不喝水，不知道是有强迫症还是什么的，把她放在桌子上的水杯子给拧开了，递给她，说：“你还是喝点水吧，多苦啊。”

“哦，哦！”她赶紧把水杯子拿过来，咕嘟咕嘟喝了好几大口。不知道为什么，她觉得今天的水，比平时喝起来甜多了。

难道是拿水杯的人不一样么？

她疑惑地看了看那男生，只看了一眼，又很快低下了头——不是不想看，而是不敢再看，生怕再多一眼，心事就会被看穿。

喜欢一个人虽然是件很美好的事情，可是她又不敢叫他知道。

男生接着说：“我就是来给你还钢笔的。”

“哦。”

“那我把钢笔放这儿。”

“哦。”

“我走了。”

“哦。”

“再见。”

“好的。”

那声“再见”之后好久好久，粽子才敢抬起头，往他离开的方向看，看了好长时间。然后又垂头丧气地低下头，狠狠地拽了一下头发，粽子啊粽子，你怎么就这么没出息呢，不就喜欢一个人吗，怎么连看他的勇气都没有了？

从小到大，她都习惯去变成优秀的那一个，所以不管什么事情，只要做了都会尽力去做到最好。因为这个习惯，所以学习是拔尖的，羽毛球打得是全校最好的，哪怕是吃粽子，也要吃到最好的。认识她的人都说，粽子，你干嘛总喜欢争呢，马马虎虎一下，活得多轻松。

可是她不这么想，她觉得，既然做就得做出个样子来，不然为什么要开始呢？

如果没遇见这个男生，她会继续抱着这个想法走下去，可是偏偏就遇见了。

“要说么？”粽子很纠结，这个声音刚刚从心里冒出来，就有另外一个声音打倒了她：“得了吧，你看看你自己，能配得上他么？”

是啊，配得上么？他长得帅气，性格温柔，热爱文学。她呢？她往自己身上扫了一眼，永远都是一身校服，一副宽边眼睛，每天除了看书打羽毛球吃粽子，好像没有什么别的爱好。

他那么好，她那么平凡，不管从哪一个方面看，她都是配不上他的。

也许有的爱情，在还没有开始的时候，就注定要结束吧！

她不想做不知天高地厚的人，也不想亲自断送这段刚刚萌生的情愫，该怎么办呢？

时间，她心里忽然冒出这两个字。对，所有一时半会儿想不明白、得不到结果的人跟事，通通都交给时间好了，它迟早会给你一个答案。

抱着这种想法，粽子仍然继续过她的生活，该学习学习，该看书看书，该吃粽子吃粽子。好像跟之前并没有什么不一样的地方。

考试的日子一过，大家纷纷又回归了潇洒的生活，胡吃海喝，玩儿得不亦乐乎。睡在她上铺的“兄弟”有一天忽然跟她开玩笑：“粽子，那个送钢笔的男生，你后来就没跟人家再联系？”

粽子的心猛地跳慢了几拍，其实紧张得要死，生怕别人看出她的心思，可面儿上装得一本正经。她推了推眼镜，轻描淡写地说："联系了，他把钢笔还我了。"

"后来呢？"对铺的人从小镜子里转过头，看着她问。

"后来？没有后来了啊。"

"切……"

没意思，化妆的继续化妆，嗑瓜子的继续嗑瓜子。

对铺的人似乎有些不死心，又转过头来看着她说："你就没想着来一段惊天地泣鬼神的爱情？"

"瞎说什么呢？"粽子啃着粽子，漫不经心地说，"他能看得上我？"

上铺的人倒也实诚，点点头："说的也是，我们也觉得他看不上你。"

粽子心里那个气啊，抓起枕头就往对铺的人头上砸过去。砸得对铺的人哇哇一顿乱叫："追不上男神你就朝我撒气啊，有本事你倒是把男神追到手啊。"

对铺舍友的一句话戳到粽子心口上，她做梦都想跟那男生谈一场恋爱，可是自尊心一再提醒她不能轻举妄动，哪怕是一点点表现出喜欢的念头都不可以，所以那份感情一度被压抑在心里，谁也不曾提起，谁也不敢提起，如今被舍友无意间的一句话轻而易举地激起千层浪。此时的粽子心中有万般滋味，却只能装作若无其事，她压了压心里的想法，故作镇定地说："我要是喜欢他，不用你们提醒，我也要去追，问题是我对他无感啊。”

对铺舍友眯着眼睛看了粽子半晌，见她不像是开玩笑，神情十分沮丧，像是失去了什么重要的东西似的。

这下粽子手中的参考书是再也看不下去了，追问道：“疯子，你这什么表情啊？”

疯子从裤兜里掏出一百块，摸了又摸，把钱递给了粽子的上铺：“大胡，输了输了，我竟然输了。”

粽子一头雾水，完全不知道是怎么个情况。

大胡拿着钱揣进兜里，表情拽得要命，笑嘻嘻地说：“我跟疯子打了个赌，她赌你喜欢关月，我赌你不喜欢。”

关月，关月。

粽子完全不知道她们后面说了什么，只记得这两个字。那是那个男生的名字，她早就偷偷把两个字记在心里了，从此之后就再也没有忘掉。

疯子表示很郁闷，还在为输掉的那一百块钱而纠结：“粽子，你怎么会不喜欢关月呢，他不就是你最喜欢的那一款么？”

“是啊，我也纳闷，为什么就不喜欢呢？”说完这句话，粽子耳中忽然响起一个词——自欺欺人。

“害我白白输掉一百块哎……”疯子郁闷地跑回床上，继续嗑瓜子。

其实谁都不知道，粽子比她们想象中更加关心关月。

她知道，关月最喜欢坐在图书馆最后一排靠窗的位置看书。他应该是不喜欢图书馆饮水机的味道，每次来图书馆，一定要把杯子里装满水。

她知道，只要一看起书来，关月就会非常投入，好像完全看不见周围所有的人跟事似的。有好几次，她看见跟他一起来图书馆的几个男生，在他旁边玩手机，可是他压根没有受到半点影响。

那时候的他认真又专注，让粽子忍不住又偷偷看了好几眼。她当时在想，要是时光就这么一直走下去就好了，她一直在他附近，看得到他，知道他在干什么，好像谈不谈恋爱，表白不表白，都没有那么重要了。

那一年的粽子，悄悄喜欢过一个叫关月的男生，但是没胆表白，所以也只能在心底想想。

那一年的粽子，人生有两大爱好：吃粽子，看关月。

那一年的粽子，芳龄二十一，学会了伤春悲秋，不过也只敢一个人的时候悲一下。

其实啊，喜欢一个人，喜欢到偷偷摸摸的程度，真的是需要勇气的，至少要有勇气去面对自己被自己瞧不起啊。

无数个失眠的夜晚，她总是拿出那只借给关月的钢笔，借着手机的亮光，悄悄在日记本里写下欧阳修的词句：

> 樽前拟把归期说，欲语春容先惨咽，人生自是有情痴，此恨不关风与月。离歌且莫翻新阕，一曲能教肠寸结，直须看尽洛城花，始共春风容易别。

有时候你不得不承认，时间真的是个好东西，从最初一提到关月，粽子就会提心吊胆的，到后来她竟然能从容面对，这一场暗恋来的密不透风，神不知鬼不觉。粽子，就那么一直暗恋着关月，直到大学毕业的最后一天。

在办理离校手续的时候，她鬼使神差地想去关月住的宿舍楼下走一走。这是她暗恋关月之后第一次冒出这样的念头。以前她总喜欢留在图书馆，一边看书自习，一边等着关月过来。那个图书馆，承载了她所有的青涩和情愫。可即将离校的时候，她却想走一遍关月无数次从图书馆回宿舍的路。

心里这么想，也就真的这么做了。反正马上就要毕业了，离开这个城市之后，还有谁知道她曾经发疯地喜欢着关月呢？

那时正是花开的季节，从图书馆到关月宿舍的那条路上开满了鲜花，一路芬芳。眼见蝴蝶飞舞、蜜蜂追逐的画面，想着那张让她魂牵梦萦的脸，粽子小姐百感交集。然而，转眼间，就已经过了三两年。

还没有走到关月宿舍楼下，她就停了下来，多年暗恋的结果，就是走到楼下之后仍然不敢靠近，生怕别人会问她为什么来这儿。于是，她坐在附近的板凳上，默默地看了会儿关月住的楼层，嘴里念着："再见，关月。"

之后站起来，转身离开了。

离校手续办完，她回到老家，找工作、上班，一切按部就班，只是仍然会习惯性地想着关月。她看不到他，也没有他的联系方式，只能在想他想得发疯的时候，偷偷去看看他的人人网。

突然有一天，她发现，关月多年不更的博客，竟然更新了。

那博文写道：

嗨，粽子小姐，不知道你在哪儿，但有些话，现在我想跟你说一说。

上大学的时候，我一直很喜欢一个女孩，她戴着宽边眼镜，笑起来有些傻气，但是我看着很可爱。因为很喜欢她，便问她借钢笔，其实借钢笔只是想跟她有交集。后来确实有了交集，她跟我一样，都在图书馆看书学习，却一句话都不愿跟我说。我想，她应该是不喜欢我的。但是有什么关系呢，能陪她这么多年，心里也是高兴的……

如今我要结婚了，也希望她能早日找到疼她的人。

这一夜，粽子彻夜无眠。如果当时她能鼓起勇气，跟关月多说一句话，又或者她敢对他多笑一下，那么，是不是，她现在就不会独自一人了？

如今，他要结婚了，她应该祝福，可是为什么心会这样的疼呢？

这一年，粽子 26 岁，依然爱吃粽子，只是在吃粽子的时候会忍不住想起他，心里难免会有些感伤。那感伤就如一只只趴在手背上的蚂蚁，勾的人痒痒的，却又拍不掉。

一天晚上，她睡着了，在梦里，她又回到上大学的时光，那是认识关月不久之后的时光。她走在那条铺满鲜花的小路上，走着走着，她忽然跑了起来，手里紧紧捏着一封信，那是她写给关月的表白信……

每个姑娘的青葱岁月或许都有过这样一段“不了情”吧！

那时候，还不太精通打扮之道的我们外表多半都如粽子般粗枝大叶，而内心里，却是无比甜腻甜腻的。

祝福每一位粽子姑娘终能觅到她亲爱的“茶叶蛋”咯！

1.2　索性不迟：就让我对你一直好下去

2011年的时候，婷婷着实火了一把，原因是？

她跟校草表白了。

那一天，婷婷穿着校服，扎着两个小辫儿，站在校园的篮球场边，用手当喇叭，大声喊道："杨洋，我喜欢你……"

此时的杨洋正在跟同学打篮球，这冷不丁的一句表白，害他手一抖，篮球稳稳地投偏了。他回过头去看婷婷，皱着眉问："你谁啊？"

婷婷嘿嘿一笑："我叫婷婷，跟我关系好的人，都叫我傻妹，你也可以叫我傻妹。"

这话把杨洋逗乐了，他说："还有人喜欢这种外号啊？"

婷婷用力地点着头："通常情况下，关系越好的人，起的昵称就会越难听，他们跟我关系好，才那么喊我。"

杨洋看小妮子挺逗，刚好打篮球也打累了，就准备中场歇一歇。那天太阳很毒，杨洋见她脸被晒红了，就喊她一起去树荫底下休息。

他才冲自己招了招手，婷婷立马就往他跟前跑。见她如此欢天喜地的样子，杨洋脑海里忽然想起家中的大黄——每次只要他冲大黄一招手，大黄也会高兴得不得了，立马往他这儿撒欢地冲，就这样，酷帅的他一时忍不住笑了起来。

婷婷暗恋杨洋好久了，第一次这么近距离地看着他笑，立马也跟着笑，一边笑，一边说："杨洋，你笑起来的样子实在是太帅了。"

杨洋清了清嗓子，正了正声，语气很严肃："婷婷，我不认识你……"

"现在不就认识了么？"

"我不了解你……"

"我们以后的时间多的是，你可以慢慢了解我呀！"

"你听我说……"

"杨洋，我可喜欢你了，你不要拒绝我好么，我已经喜欢你好久好久了，你的什么我都喜欢得不得了。你才刚开始认识我，就没有想过万一我就是你喜欢的那种类型呢？"

"婷婷……"

"我不想听你说拒绝我的话啊，你要是不喜欢我，至少让我喜欢你吧。你什么都不用做，我的感情你可以不回应，你想干嘛就干嘛，我不管你不就行了。”

杨洋觉得好头疼，他最不喜欢跟女生打交道，更不喜欢话多的女生，可是很明显，婷婷两样都占了。他还什么都没来得及说，所有的话都被婷婷一个人说完了。这不是他想要的结果，所以他准备跟婷婷来一个深入的长谈，请她不要再来“骚扰”他。

他把要说的话先在脑子里过了一遍，思索着要怎么让拒绝的话变得婉转一些。当他都想好之后，正要开口，婷婷忽然抱住了他，这让他措手不及。

“喂，你别这样啊……”

“杨洋，我走啦。”

“不准走，我还有话没有说完。”

“我知道啊。”婷婷狡黠地眨了眨眼睛，甜丝丝地说，“要是一次把话都说完了，那多不浪漫啊，下次我再来找你。”

看着婷婷像小兔子一样，一蹦一跳地离开他的视线，杨洋表示整个人都不太好，他就没有见过比婷婷还要自恋的人，他哪里想要浪漫了，她又从哪里看出来他想要跟她再有下次见面的机会。

因为婷婷抱了杨洋，整个篮球场上的人都看得一清二楚。

等婷婷一走，他的好哥们儿就走过来，一脸坏笑地撞了撞他胳膊："行啊你，谈了女朋友都不跟我说一声。"

杨洋有些无奈："哪有？"

"没谈人家干嘛抱你，她怎么不抱我呢？"

"……"

"人家都说喜欢你了，也又搂又抱了，还说这么不负责任的话，嗯嗯？"哥们儿半开玩笑地揽着他的肩膀说，"走走走，还打什么球啊，谈恋爱这么大的事，难道不值得庆祝？"

这回杨洋真是有口都说不清，就这样被哥们儿推入了"爱的漩涡"。

那一天，他莫名其妙地被表了白，莫名其妙地以恋爱的名义请大伙儿吃了顿饭，一整天满满的莫名其妙。

相对于校草的无奈，婷婷这边却高兴得不得了，闺中密友各个惊奇万分地坚信，丫头并没有被拒绝不是吗？那之后，婷婷听到的最多的一句话就是：

"婷婷，你跟杨洋谈恋爱了？"

她不回答，只是抿着嘴呵呵笑。

大家都以为她这是在害羞，就冲她挤眉弄眼，问她："和校草恋爱感觉如何呢？"

"挺好的。"她想了好半天，才想出这一句话。

是啊，是挺好的，她喜欢的男孩心地跟她想的一样善良，即便不喜欢她，可是仍然想要以温柔的方式拒绝她，不想叫她当众难堪，难道还不够好么？

只是她喜欢的男孩有点傻兮兮的，还以为她不知道他想说什么呢，不过这种傻，看起来真的好可爱。

婷婷表白这件事，很快就在学校里传开了，杨洋有些烦了，苦于没有婷婷的联系方式，也只能忍着。就在他快要忍不住的时候，婷婷又一次出现在了他面前。

这一次是在教室门口，他有些生气地走到她跟前，正想问她究竟要干什么。她却根本不给他说话的机会，朝他口袋里塞了一张小纸条，趁他还没有抓住她的时候，飞快地往走廊深处跑去。

他拔腿就追，奈何他人高马大，又恰逢下课高峰期，他不能像婷婷那样在人群里窜来窜去。杨洋咬牙切齿地看着婷婷的背影：你给我等着。

等杨洋回到座位上拿书的时候，一群好哥们儿又来凑热闹。

“人家小姑娘挺好的，现在又不是高中，谈恋爱干嘛偷偷摸摸的。”

杨洋没吭声，继续收拾他的书。

“我倒觉得她挺好的，长的可爱，关键是一看你就脸红的那股子劲儿，就觉得她率真。哎，你知道么，现在有几个女孩儿能那么的……特别。”

听哥们儿这么一说，他仔细地想了想婷婷见到他时的样子，心想，这丫头还知道害羞？脑中想到她的一刻，他拼命摇起脑袋。她才不是害羞的人，再说，我凭什么想到她啊？

“你就不好奇婷婷给你塞的小纸条是什么？”另外一个哥们儿问。

杨洋故作不知：“什么纸条啊？”

哥们儿看不下去了，直接拆穿了他：“还跟我们装，刚刚她站在门口往你口袋里塞了张小纸条，我们可都看见了。”

既然如此，杨洋也不再隐瞒，把纸条从口袋里拿出来让他们看：“谁要看谁看，反正我不想看。”

那是别人的隐私，大伙就是再好奇，也不会拿着纸条一探究竟，于是打了个哈哈，这件事也就一笑而过了。

杨洋把纸条塞进裤子口袋里，装作什么事儿都没有，跟着一班好友下课吃饭。这一天过得跟平时并没有什么区别。

到了晚上，大家都睡着了，杨洋终于难耐好奇，一头蒙在被子里，借着手机的亮光，把藏在枕头里、皱皱巴巴的小纸条再次翻了出来，娟秀的笔迹写着几个字：按时睡觉，按时吃饭。

简单的问候后面，还带了一个她的手机号码。

原来就这几个字啊，他以为是什么大事！

不过纸条看也看了，联系方式也有了，他总算能主动找到对方了。

于是他窝在被子里，给婷婷发短信：在？

婷婷：在。

杨洋：你倒是回得很快。

婷婷：我可等了一天呢，等的差点睡着了。

杨洋：你是个女孩子，说话可不可以不要这么直白。

婷婷：喜欢人又不犯法，干嘛不直白点？

杨洋：我有个很正经的事情要跟你说。

婷婷：你说，我在听。

杨洋：我不喜欢你，你以后能不能不要再来见我了。现在差不多所有人都以为我在跟你谈恋爱，但是我们压根没有任何关系，对吧？

本来以为婷婷会秒回的，可是他等了好一会儿，手机一点反应都没有。又等了一会儿，他实在没耐性继续再等，索性又发了一条短信：你还在吗？

婷婷没有理他。

杨洋又发信息：说话，你人还在不在了？

杨洋：这样玩消失不太好吧，我这正跟你说严肃的话题呢。

杨洋：到哪里去了？

杨洋：该不会故意装没看见吧？

杨洋：再这样，你可就没意思了啊……

终于，在他连续发了十几条短信而无果之后，杨洋甘拜下风，懊恼地去睡觉了。

而婷婷这边呢，她拿着手机看了又看，最后笑得跟傻妞儿似的。男神跟她一下子发了那么多信息，她能不高兴么？就算是拒绝她又怎么了，她又不是第一天知道男神不想跟她谈恋爱。

若是在爱情面前，她一直要做一只缩头乌龟的话，那连表白的机会都没有，还谈什么要到男神的电话号码。现在她不仅表白了，连男神的电话号码都要到了，难道不是老天给她的惊喜么？

这事儿简直不能想，越想越美，简直美到冒泡。大半夜，别人都睡了，她可睡不着，把杨洋发来的信息一条条存进她的备忘录里。

第二天正在上课，婷婷手机响了，她看了一眼屏幕，是杨洋发来的，连忙点开看。

杨洋：昨天信息你看到了吧……

婷婷装作没看见，直接把手机揣进了口袋。

放了学，她正准备去吃饭。就看见杨洋站在她的教室门口，她高兴得不得了，立马就往他那边跑。

这把杨洋吓坏了，生怕她再来一个“投怀送抱”，于是立即做好躲的准备，哪儿知道婷婷这次只是跑到他跟前便停了下来。这样矜持的婷婷，倒让杨洋有些不好意思了。

“你来接我放学啊？”婷婷有些期待地看着他。

杨洋彻底无语了，她哪只眼睛看出来他是来接她放学的？

只是他正准备跟她说“不是”的时候，她的朋友就过来了，一脸“我不做灯泡”的神情，从他们的身边走了。

此时此刻，如果用一句话来形容杨洋的心情，那就是：搬起石头砸自己的脚。闲着没事干嘛要过来。

婷婷见他半天不动，就往教室门外走，她一走，杨洋也跟她一起走，才走出没几步，就听见身后一群起哄的，这次婷婷的脸没红 ，杨洋的脸倒是红了。

好不容易走到四周人都比较少的时候，杨洋拉住了婷婷，急着跟她说：“昨天的短信你都看见了吧？”

婷婷眨了眨眼：“什么短信？”

杨洋纠结了好久，还是决定把他心里的话再说一次：“就是让你以后不要再见我了，我也没说过我是你男朋友。”

婷婷长长地哦了一下，半晌才说：“我今天没有去找你啊。”

杨洋当即目瞪口呆。

“而且，我也没说你是我的男朋友啊。”

杨洋想了想，好像确实是。

“今天是你自己来找我的。”

杨洋感觉自己给自己挖了好大一个坑，还乐此不疲地往里面跳。

“可是你难道不觉得应该澄清一下么，毕竟我们又不是男女朋友，这样我岂不是白白占了你的便宜。”杨洋接着说。

“我觉得你说的很有道理啊，但是……”婷婷一脸的为难，“嘴长在他们身上，我也管不住啊。”

杨洋左思右想，一时也找不到解决的办法，只好回去了。

等杨洋一走，婷婷就看着他的背影笑了起来。她爱上的男孩儿，比她想象中的还要善良许多，其实他完全可以用那种尖锐刺耳的话来打消她喜欢他的念头，可是他却一再地委婉拒绝她。

既然婷婷那边没有办法解释，那杨洋只好亲力亲为，跟身边的人说了真相。可这真相说出来实在太没有含金量了，大家只认可眼见为实。

要是婷婷不是他的女朋友，为什么要抱他呢？

只要杨洋一跟哥们儿解释，大家就会拿这个问题来堵他。久而久之，他也就不再解释了，只从心里盼望着婷婷不要再来打扰他的生活。

说来也巧，自从他去找了婷婷之后，婷婷出现在他面前的次数真的少多了。

杨洋的朋友问他："你们小两口吵架了？"

杨洋："恩。"

这个理由真好，说不定过阵子他们就以为是分手，这样他彻底能摆脱这个男朋友的帽子，杨洋心里这么想着。

再后来，总有人在他耳朵边念叨着下面这几句话。

"你跟婷婷还没和好啊？"

"婷婷这么好的女孩子，你还有什么不满意的？"

"也就是婷婷愿意等着你，要是别的女孩子，早就不认这个男朋友了。"

"你意思意思就行了啊，太作了还是男人么？"

……

杨洋暗暗叫苦，他根本什么都没说、什么都没做好吗？

说谈恋爱的人是他们，说吵架的人也是他们，他都没有解释的机会！

他以为婷婷这个事情就算告一段落了，毕竟没有哪个女孩子会把太多的时光花费在一个坚定拒绝自己的人身上。虽然婷婷当初对他表白可谓是轰轰烈烈，可是很快就淡了下去。他的生活就像以前一样，并没有什么太大的变化。

直到有一天，他忽然生病了。这一病，让他在医院躺了整整一个月，那消失很久的婷婷再次出现了。

她每天坚持去他们的教室报道，帮他做笔记。晚上把笔记本又带到医院，笔记送到，也不说话，立马就走。

送笔记的第十天，他有些不好意思了，说：“以后别送了吧，怪麻烦你的。”

婷婷咧嘴一笑：“你又不会病一辈子。”

杨洋满脸黑线，这说话过脑子了么……

学校离他住的医院得有十多公里，公交车又堵又挤，每天她下课了往他这边赶，正是交通高峰期，他有时候出个门，都被挤得火冒三丈，更何况是柔柔弱弱的小姑娘呢？杨洋看着她送过来的笔记，心里有种说不清道不明的感觉。他学的是会计电算化，她学的是英语，两个专业八竿子打不着，她是怎么耐心记下这些笔记的？她自己要不要上课了？

一连串的问题在他的脑子里飘过，他一忍再忍，晚上终于忍不住给婷婷发短信。

杨洋：你缺课这么多天，老师就没说你？

婷婷：我请的事假，老师很同情我，就给我批假了。

杨洋好奇不已：什么事假？

婷婷：我跟教授说我家人生病了，我要回去照顾他。

家人？刹那间，杨洋的心好像被什么击中了。

杨洋：我不是你的家人。

婷婷：在我心里你就是。

杨洋：你必须得明白一件事情，你对我好，可能得不到回报。

婷婷：我没想着你能回报我什么，就想对你好，因为我喜欢你啊。

杨洋：你还喜欢我？？？

婷婷：有增无减。

杨洋：多久了？

婷婷：五年。

杨洋根本不信，现在他们大四，她跟他表白时才大二。哪里来的五年？当他正想把这些话发给她，一段长长的话出现在了对话框里：

说起来你也许不信，我跟你上一个高中，你是尖子生，而我只是个中等生。我们年级有十几个班，你不知道我，简直太正常了。我可是早就认识你了，你是我们年级的男神啊，好多女孩子都特别喜欢你，可是只有我敢跟你表白……

哎，反正为了能跟你考一个大学，我是拼了老命了，高考差点没折磨死我，每天晚上熬夜背书。也许老天爷都被我感动了吧，我的数学竟然没有拖后腿，还超常发挥考了一百多，成绩出来的那天，把我兴奋哭了。终于能再跟你一起了啊……

信息有好多，一条显示不下，分成好几条发送的。

杨洋一个字一个字地看着，眼前唯有一个小女孩儿，为了能够接近心仪的男孩儿，每天加油学习，后来鼓起勇气表白，再到后来被拒绝，却一直不放弃心里的那份喜欢。哪怕被男孩儿嫌弃，她也站在离他不近不远的地方。这个男孩儿当初太傻，以为她是知难而退，可是现在想来，大概是女孩儿怕离的太近，会让男孩儿不开心，所以才躲远一点。

到底是有多深爱，才能用五年的光阴一直喜欢一个人。

如果换作是他，恐怕早就放弃了，他只觉得心底有一个地方变得柔软起来。之前提起婷婷这两个字，他会感到烦躁，而今，却觉得她如一只翩跹起舞的蝴蝶，轻巧地落在他的窗沿上。

几经思考，他郑重地给她发了一条短信：那……我试着接受你？

信息发完，他的心脏扑通扑通猛跳了好几下，他从来没有喜欢过一个人，也不知道喜欢一个人是什么滋味。可是现在，他对婷婷，突然有了一种不一样的感觉。到底是什么感觉，他还来不及体会，病房的门忽然被人打开了。

他看见婷婷朝他这边跑得飞快，整个人都愣在那里，他以为她早就走了，没想到还在门口，那是不是说明她以前也是这样，在门口默默地等待。

婷婷轻轻地吻了吻他的面颊："你知道吗，我等你这一句话，等了好多年了。我以为再也等不到了，知道我喜欢你的人都叫我放弃你，可是我偏不……"

说着，她的眼泪就流了下来。

被他拒绝的时候，她没有哭。可是他接受了，她反倒跟小孩子一样哭了起来。他手足无措，想抱一抱她，可是还在打着吊针，她就像知道他要干什么一样，连忙说："你不用动啊，还打着针呢，我就是太高兴了，高兴得哭了。"

迎着夕阳的光线，他看见她的眼泪如同珍珠一样璀璨晶莹。

他费力地拭去她脸上的泪水，他不想再看见她哭鼻子，就是这样。

猛然间，他明白了，原来这就是爱情的滋味。

索性，为时不晚。

还好，他还可以得到。

1.3 别说爱情，就是你的名和姓，除了感情你都不愿再提起

乌鲁木齐的机场。

雪儿来接我。

她穿着白色连衣裙，脚上穿着一双白色凉鞋，顺直乌黑的头发长至腰迹，皮肤白皙，瓜子脸，樱桃小口，不用化妆就很美。

我坐在行李箱上摇头感叹："啧啧啧，生的美，又能挣钱，说好的上天给你打开一扇门的时候，又同时给你关上另外一扇窗，可是为什么在你的人生里我却看到了主角光环，开了满满的外挂？"

雪儿接过我的行李箱，笑着戳我的脑袋："你不说话，别人能把你当哑巴啊，见过嘴贫的，没见过你这么嘴贫的 。"

雪儿一米六，我才一米五，我仰头看着她得瑟地笑："怎么，

不服气，来咬我啊？”

雪儿无奈了：“我又不是狗！”

我跟她翻陈年旧账：“还说你不是狗，当年我刚上大学的时候，谁一言不合就开咬的？”

她美目一瞪：“那还不是我吵架吵不过你，给我逼急了。”

我阴阳怪气地哦了一声：“狗逼急了，真会咬人的！”

雪儿被我气笑了，放下行李箱，追着我在机场到处跑，机场里很多人，看见我们两个老大不小地疯玩儿，频频看过来。

有太多年没被人这么追着跑了，我气喘吁吁地跟身后正在狂追我的雪儿求饶：“别追了成不，那么多人看着呢。”

她哈哈一笑：“让你给我嘚瑟，这几年工作闲，没事儿我就跑步锻炼，看我抓到你怎么收拾你。”

雪儿锻炼？哈！我压根不信，当年大学一个星期也就两节体育课，她能逃就逃，如果实在逃不掉，硬要在操场上跑几圈，她准会难过地蹲在地上哭鼻子，就她这体格，还想追到我？

可事实证明，我还是轻敌了，没过多久，她就追到了我，当然，说好的收拾我，变成了我们勾搭着肩一起出了机场。

上了车，我好奇地问：“你体格这么强，谁让你发奋锻炼身体的？”

她专心地开车：“强子呗，毕业之后我跟他谈恋爱，他每天都督促我下楼跑步，要是不跑，他就断我一周零食，我那么爱吃，这招太有用了。”

说实话，这个时候，我内心直犯怵，她才跟强子分手没多久，现在正在开着车，这时候提强子，会不会触景伤情，没心情开车……，越是这么想下去，越觉得头皮发麻，不敢在这个话题上继续。哪儿知我不说，雪儿就接着说，一路上跟我说了跟强子之间的甜蜜恋爱，直到她家门口了，她回头看我，见我脸色有些诡异，就哈哈一笑，指着我说：“你这怂样，是不是怕我提起强子会难受，出车祸啊！”

我撇了撇嘴，腰板一挺：“是又怎么样！”

她“呸”了一声：“为了个男人要死要活，还不是我作风。”

我小心翼翼地观察着她的神色，倒还真是一脸坦荡，就跟坐定的老僧一般，这是真的放开了么？

但是当初她爱得要死要活的那股子劲儿呢，去哪儿了？

难道爱情真的可以说来就来，说走就走？枉费我白读书那么多年，自以为能参透爱情，可到了雪儿这里，我有些拿捏不准了。

她打开车门，把行李箱从后备厢里拿出来，往楼里进的时候，忍不住嘟囔了一句：“想当年我刚毕业那会儿，行李箱比你这个可沉多了，要不是强子帮我拖行李箱，我这胳膊腿儿怎么能提得动哦。”

我讪讪地笑了笑，搓了搓手，不知道该怎么接话了，这家伙不会失恋之后傻了吧，提到前任，竟然一点难过的表情都没有。我尽量避开任何有关男女感情的字眼，可她倒好，我不去提，她自己偏偏不停地说。

大概是见我半天没说话，雪儿扭头看着我：“怎么不说话，哑巴啦？”

呃……，这话问的，我真是不知道说什么好，只好跟在她身后进了她家，没话找话：“咦，你家的装修我蛮喜欢，你品位提高了哦。”

她咧嘴一笑，洋洋得意：“那是，毕竟跟着强子那么多年，怎么也得学了一手。”

我叹口气：“雪儿，咱们能不老提强子么？”

雪儿也犯了难，抓了抓头：“不是我老提他啊，主要是他在我的生活里霸占了太多东西。你看到印着淡粉色向日葵的壁纸了么，这是他给我选的；看到电视机后面的背景墙了么，那画是他手绘的；还有这个地板，也是他找工人给我装的……你以为我想提他啊，但是我不提他也不成啊，难不成让我把我家给拆了么？”

是啊！如果自己的生命里，也有一个像强子这样的人，大概我也会把这个人时常挂在嘴边吧，毕竟他扮演的不仅仅是男朋友的角色，一定程度上还成了你的心灵伴侣，甚至还有可能是你的生活导师……

其实，细细想来，这种关系最可怕。如果单纯只是谈个恋爱，分手之后，你所失去的大概也只有一个男朋友罢了，可是一旦对方占据了你生活中的很多角色，那么分手之时，你多半会感觉塌了半边天。

我想，如果我是雪儿的话，在这个时候，一定会抱着头大哭一场，为什么好好的爱情，说走就走了。

毕业之后，我只身一人来到武汉闯荡，雪儿在乌鲁木齐过着天上人间的生活，虽然不常见面，可是她经常会把跟强子的生活点滴告诉我。他们的故事，足够让我写一本 360 度无死角秀恩爱的小说。那时候我经常笑她：要不要这么光明正大地秀恩爱啊，难道不知道现在流行一句话，叫“秀恩爱死得快”吗？

时过境迁，雪儿的爱情真的死了。作为一个旁观者，我很想说点什么，却又不知从何说起，我想对她说，不要难过……，可是她明明丝毫没有难过的表情。看着她忙忙碌碌地在厨房做饭，该说笑说笑，正常得好像我不正常一样。

吃完饭，我自告奋勇去洗碗，她靠在玻璃门上看着我笑：“让你这个作家给我洗碗，还真是荣幸啊。”

我笑骂她：“滚，以前被你欺负的还少么，上学排队打饭，哪次不是把碗丢给我洗，你有管过么？”

骂着呢，她忽然走到我跟前，抱住我的腰：“玲子，你回来，我可真高兴。”

“一边儿去，我洗碗呢。”嘴巴上让她靠边站，可是我心里却忍不住在笑，很想说，能看见她，我也很开心。

吃过饭，她又开车带我在乌鲁木齐转了转，去了很多我们之前爱去的地方，到了傍晚的时候，我们就坐在公园的长椅上看着夕阳一点点落到山下。等天上星星都亮起来，我们才慢慢往回走。

很多年没有看乌鲁木齐的夜景了，我忍不住感慨：“时间真是个神奇的东西啊，以前这里还是平房呢，眨眼间都是高楼大厦。”

雪儿随口附和：“可不是么，时间真是个神奇的东西。以前我们都是十八岁的青春美少女，现在几年过去，我们都奔二十五了，都是小孩子口中的阿姨了。”

下了车，她还在嘀咕：“你们才阿姨，你们全家都是阿姨，本小姐永远十八岁。”

“疯了吧？”我在身后抿着嘴笑。

雪儿头一扬，高傲地像个公主，高跟鞋踩地蹬蹬直响：“以后谁叫我阿姨我跟谁急……”

我们两个人正打嘴仗呢，她忽然不说了，站在走道里不吭声，我问她：“干嘛啦，哑巴啦？”

她语气很凶：“你怎么来了？”

很明显，这不是冲着我说的。我觉得情况有些不对，赶紧爬到楼上去看，才看见是强子站在她的门口。

强子看见我回来，微微有些惊讶，但很快恢复了常态，朝我点了点头：“你好。”

我跟他以前不熟，现在就更不熟了，出于礼节，我朝他也说了句你好，就没有下文了。

强子摸了摸口袋，拿出一把钥匙，递给雪儿，说：“上次走得急，把钥匙装走了，还给你。”

雪儿接了钥匙，冷静不少，语气也变得比刚刚好了很多：“钥匙收到了，你走吧。”

强子张了张口，还想说什么，大概是因为有我在场，就什么都没说。我看这阵势，就挠了挠头，跟雪儿说：“你们慢慢聊，我先进去了。”

就快走到门口的时候，雪儿猛地拉住了我，眼睛盯着强子，说：“她是我朋友，凭什么要避开你，你要说什么就直接说，说完拉倒，以后谁也别见谁。”

强子叹了口气："雪儿，你能不能不要这么小孩子脾气，我就住你楼下，你怎么可能见不到我。"

雪儿如同一只被踩了尾巴的猫，怒视着强子："对，我就是小孩子气，你是第一天认识我么？"

强子无奈了："能不能不闹。"

雪儿泪水夺眶而出："这么多年了，你说我闹？我要是真闹起来，你以为我会放你走么？"

强子："那些都过去了……"

"我一直都认为过去了，可是谁叫你出现在我跟前，你明明知道我放不下你，你大可以把钥匙快递给我。"雪儿很大声地哭诉。

强子眉头皱了皱："你小声点儿不行么，大家都睡了。"

雪儿的哭声戛然而止，就像是被人操控了一样，她擦了一把眼泪，让开了身子："你走吧。"

强子说："以后你照顾好自己。"

雪儿冷嘲热讽："该照顾好自己的人是你吧，以前我不喊你起床，你能起得来么？连蒸个米饭都半生不熟的，现在没人给你做饭了，没人喊你起床了，你是不是上班每天都迟到，吃饭都靠下馆子解决？"

强子被说得不好意思，抬脚就往楼下走。

雪儿看着他的背影继续挖苦："你是上辈子拯救了全宇宙，才换你这辈子跟我谈的恋爱，你自己不知道珍惜，日后就算跪下来求我，我也不会再跟你和好，强子，你 ×× 就作死吧，我看着你在作死的路上越走越远。"

被雪儿这么挖苦，强子连脚步都没有停顿一下，朝楼下走去。

雪儿接着骂："强子，我跟你在一起，就没落着好过，你连衣服都洗不干净。你自己说说，哪一次你的衣服不是我给你手洗的……"

嘭！

楼下忽然传来一阵猛烈的关门声，仿佛是强子用尽力气去关的一样。

雪儿捂住口，逃一样地往家里跑，我赶紧跟了过去。

只见她用百米冲刺的速度跑进了卧室，钻进被子里，开始号啕大哭起来。

我站在一旁走也不是，留也不是。

我以为雪儿在我面前，毫不避讳地提起强子，说明她真的能放下了，当时心里还想，这小妮子还真有两把刷子，能让爱情轻轻地来、又悄悄地走，还能不带走一片云彩。那时候心里还有些怀疑，想她万一只是装给我看的呢，可是如今看到她哭的那么难受，我的心口有些说不出来的堵。说真的，要是她一看见强子就会失控，我宁愿她一直都在看不到强子的地方，这样的话，最起码她还能过好她自己的人生。

我们都已经过了那种只要风花雪月就可以的年纪，爱情固然非常重要，可是生活呢，生活难道就不重要么？

你能每天只跟着你喜欢的人在一起，除了恋爱之外，什么都不要了么？我是不能的。

我不知道雪儿跟强子为什么要分开，可是我能够感觉得到，他们之前一定是相爱的，否则雪儿不会再看到强子的时候，数落强子跟她在一起的时候各种令她不满的地方，否则强子也不会在回楼下的时候将门摔得震天响。

正是因为彼此爱过，才会在对方离开自己之后，心生怨念。总觉得当初跟你在一起的时候，我接受了你的种种不完美，可是现在你却要离开我，我那么好，你却不要我了……

“还有谁能像我这样包容你，像我这样喜欢你的好、你的坏……”

雪儿使劲儿地捶着床，嘴里不停地喊着这句话。

她哭了很久很久，我也站了很久很久。

第二天晚上，她抱着我睡觉，眼睛哭的像两个大桃子，不知道是不是她怕我问东问西的，所以不停地跟我说一些别的话题，我打起精神陪她聊了起来，直到最后我们俩都困得睁不开眼了，她才安静下来。

“玲子，这么多年过去了，我身边的朋友就跟走马观花似的，很多人来，也有很多人走，可是你却一直是我心里的好朋友，你知道这是为什么吗？”

我问她：“为什么？”

她搂住我腰间的那双手紧了几分，说：“因为你什么都不问，什么都不说。其实在我最难过的时候，最需要的就是有个人陪着就好……”

“时间不早了，你快点睡吧。”我揉了揉她的头发，像哄个小孩子。

她问：“那你呢？”

我说：“一起睡。”

“好。”她说。

很快，她就睡着了。而我却怎么也睡不着，只好戴上耳机，随便找些歌来听。不知是不是凑巧，我随便放的歌，竟然是高胜美所唱的《潇洒地走》。她凄怨地唱着：

昨日的朋友　悄悄地离去

就这样无声无息离开你

仿佛在你眼里感到无限的悲戚

好像夜雾层层笼罩你的心里

也许你从来不愿告诉我

我也不想再问你为什么

夏日风已吹远　吹得无影又无踪

所以我将会忘记昨夜的你

别说爱情　就是你的名和姓

就除了感情你都不愿再接近

破碎的心难填平　昨日醉心的恋情

所以我将忘记你的背影

其实这首歌我很久之前就已经听过，可是现在却又很想多听几次。于是一直单曲循环着……

第二天，雪儿一大清早就起来了，在厨房里准备早餐。

我穿着睡衣站在厨房门口，听她唱着欢快的歌曲，好像昨天晚上哭得伤心的人不是她一样。

可能是她感觉到我过来了，冲我嘿嘿一笑，让我过去帮忙。

我朝她跟前走着，无端地想起昨天睡觉之前，我一遍遍听的那首《潇洒地走》。想起她唱的那句：别说爱情，就是你的名和姓，就除了感情，你都不愿再接近。

记得当时年纪还小，还听不出来这歌词的意味，现在似乎懂了。

如果你曾爱过一个人，爱到最后分了手，还会经常提到他的名字，只要不提及感情，也许就不会夜半哭泣，也许对过往之事还能笑着提起；可是一旦提起感情，就算再坚强，还是会扛不住。

也许这个世界上，真正能把人打倒的，就只有爱情……

第2章 爱情像一场飙车，他刹车了，而你没扣安全带

2.1　好姑娘，你一定光芒万丈

深夜 12 点，我提着行李箱给一个好朋友打电话：“我来广州啦，住在朋友家，无奈楼下装修，想去你家暂住几天。”

谭谭在电话那头保证：“行，到我家楼下直接给我打电话，我现在怀孕了，素颜见你，你可别嫌我丑。”

我哈哈一笑：“不嫌弃，你老公都不嫌弃，我嫌弃个啥！”

她那头娇嗔道：“就知道调侃我，等你来，看我怎么收拾你。”

谭谭是个作家，有着作家这个圈子特有的气质，一向谨慎少言，可是我与她相识不久，便觉得脾性相投，一来二去，便也成了无话不谈的好友。所以这次来这边，便想也没想地深夜造访。

到了谭谭家的小区门口，我拨通电话：“我来了，快来接我。”

约莫三分钟后，她穿着浅白色的宽大衣服，手里提着钥匙站在我面前，其实在这之前，我并未跟她见过面，只在 QQ 上天南地北地聊着，我喜欢她的性格，喜欢看她的文字，文笔娴熟老练，字里行间都带着真情。我猜她眉眼温柔、圆脸杏眼，个子不会太高，但是一定比我高……，真正见了她，这相貌跟我猜的竟然有七八分像。

于是我特别酸的来了一句："我好像在哪里见过你。"

她就笑我："俗！"

生在俗世，想不俗都难！我搂着她的胳膊笑道："姐姐，我在广州这几天，可就要靠你养活了。"

她摸了摸我的头，声音温柔又好听："行，跟着姐有肉吃。"

去了她家，她给我找毛巾、牙刷……，无微不至。我一边换睡衣一边想，她家的地板拖得光可鉴人，房子收拾得井井有条，最引人注意的便是她书架上的书籍，按照出版日期跟文学分类，依次有序摆放，书架上没有丝毫灰尘，一看便是特别爱书的人。

"有招待不周的地方，你就多多包涵哈。"

她见我站在客厅里站着，以为我有些不习惯。我一直都知道，她是一个很会照顾别人感受的人，几年前我初次尝试着写小说时，她已经是出版了好几本图书的作家，当时我怯怯地把稿子发给她，让她帮忙提提意见，她很温柔地点出了我的不足之处，更多的是夸奖。

有些人，一旦深入了解后，便会因为种种原因而分道扬镳，这种人我们可以叫作见光死。可有一些人，越是了解，就越是被她的人格魅力所吸引，这种人自身带着非凡的魅力，如同深巷里的好酒，尝过后就不会忘。

因为是第一次见面，所以我们有着说不完的话题。从柴米油盐酱醋茶，到《红楼梦》、纳兰性德、李白、苏轼……，我们几乎把所有能聊的话题都聊完了，但是两个人仍然不想睡觉。

我因常年写作很少交际，他乡遇知音时，十分的高兴，就紧紧抱着她发出感慨："为什么你要离我这么远呢，你在武汉的话，我们就可以经常见面，时不时地谈人生、谈理想、谈风花雪月。"

她轻轻一叹："是啊，我为什么要在广州呢？为什么呢？"

夜太黑，我看不清她的脸上有着怎样的表情，可是从她的语气里，我听出几分无奈和委屈。

大多数时候，我只想静静地做一个听众，别人不愿意说的，我会装傻不明白。隐约间，我感觉到，其实她跟她丈夫的生活，并不如在我面前表现出来的那样和睦。

可是她不愿对我说，我便也不多问，我抱着她的腰，故作轻松地说："广州多好啊，去香港、澳门都方便，以后你帮我带化妆品好不好？那边的便宜。”

话题被我成功绕开，她笑着说：“好啊！”

快要睡觉前，她忽然看着我：“玲子，有时候我挺为你操心的，而有时候，我又觉得你这样也挺好。”

我顿时来了精神：“为什么？”

她却不肯再往深里说了：“睡吧，明天还得早起，我要送我大宝贝上学。”

直到她睡着之后，我也没能想明白，为什么她觉得我这样挺好，孤身一人在外地，什么事情都得仰仗自己，没人知我冷暖，究竟是怎么个好法？

这一晚，我彻夜无眠。

我天亮才睡着，再一觉起来的时候，已经到了吃午饭的时间。我从床上爬起来刷牙洗脸，谭谭在阳台上晾衣服。

见她挺着大肚子，踮起脚晒衣服，吓了我好大一跳，赶紧放下牙刷跑到阳台上：“你是孕妇不知道呀，这多危险？”

她朝我咧嘴一笑，毫不在意的模样：“我是怀孕，又不是生病，这点小事，能自己来。”

“你把什么事情都做好了，那你老公干嘛啊？”我微微皱眉，对她这番话并不赞同。

她说：“这么多年，我都习惯了，他有他的事情要忙，他主外、我主内。”

我还想说什么，她就去卫生间拿被单被套，说要去楼下晒。看她抱着好大一盆洗干净的东西，我战战兢兢地跟在她身后，在我看来，女人怀孕是一件极其辛苦又十分神圣的事情，应该像女皇一样被家里各种宠爱。

可是她……

我跟在她身后轻轻地叹了一声，想说什么又不能说。

晾衣服之际，微风徐徐，明明是个阳光明媚的好天气，可是她却怎么也开心不起来，我跟她开玩笑：“是不是宝宝闹你了？”

她摇摇头，见她实在不想多说，也只好作罢。

在她家这段时间，她一直忙忙碌碌，未曾写过一个字，我终于能够明白，为什么每次我写稿子喊她，她总说要忙。

某个瞬间，我会发现，她看着电脑，神情恍惚，擦键盘的时候，轻声叹息。

在她家的几天，我们谈天说地，说尽一切我们感兴趣的话题。

后来，我快要走的时候，她拉住我的手：“要不是明天必须得去他亲戚家，我真想再多留你一阵子的，好久好久没跟人这么畅快地聊天了，我舍不得你走。”

然而，相聚总有时，离别才是最终的归宿。

为了彼此不伤心，我在临走那天，像个江湖人士，挥一挥衣袖，说了一句：“别送。”

她淡淡地说：“好。”

走到电梯口的时候，才听见她房门关上的声音。

我知道，她一定舍不得我。其实，她跟我一样，都是找不到可以聊天说话的人。对一个环境、一件事投入越久，就越容易与周围的人无话可说。

相伴的这几天，她既高兴又悲伤。高兴是因为她的宝宝，还有我的到来。悲伤的，或许与这个令她无限投入的家庭生活有关？

她的丈夫我见过几次，多是早出晚归。性格活泼开朗，像个长不大的孩子。而谭谭成熟稳重，操持家庭大局。

记得有一次，她带我去做美容，路上她跟我说：“女孩子有一定经济能力，一定要学会保养自己，不要任由年纪轻轻的脸上爬满皱纹。把自己变好看了，以后遇见心仪的男孩子，才不会认为自己又老又丑，配不上他。”

那一刻，她用右手摸着侧脸，感慨岁月蹉跎：“女人 30 岁之后，保养就一定更得勤，不然追悔莫及啊。”

离开的那一天，我依依不舍地盯着她的面庞，厚重的黑眼圈，眼角下细细的皱纹，那就是岁月的痕迹吧！

好姑娘，保养一定得做得勤。

那几天她在家里忙里忙外，我有心帮她，却只能帮个凤毛麟角。送孩子上学放学，做饭洗衣，拖地铺床，辅导孩子做作业，人情礼节……，几乎所有的事情，被她一手包揽，而她的丈夫呢？似乎除了挣钱之外，就再也没有其他责任了。

依稀记得，谭谭曾在外企担任高管，早在 2000 年的时候，月收入已经过万。当时明明有留居海外的机会，可是为了这个家，她留下来了。留下的动机也很单纯，因为她的丈夫对她好，又风趣幽默。

她曾经十分生动地形容过男人追求女人的姿态，就如同孔雀开屏，总是将最完美的一面展现给对方，一旦追求成功，就会原形毕露。她说："玲子，不要太盲目地相信你眼前看见的爱情，要仔细观察清楚，不然你一定会后悔的。"

我曾问她："后悔么？"

她笑着说："不后悔，我爱他啊，他对我好。"

那么现在呢？

我很想再问一次，可是我知道不合适，便什么都没问。

回到武汉之后，我没日没夜地写稿子，之前挥霍的时间，得统统补回来。

谭谭却也一直都不再联系我，肯定是因为忙，我心想，只是默默地希望她能开心一些。有一夜，凌晨四点。她发来了邮件，说，宝宝没有了。

我知道，肚子里的宝宝是她最快乐的事情，每每跟我提到宝宝，她都像个孩子一样高兴个好半天，跟我说她早都想好了宝宝叫什么名字，要把宝宝培养得博学多才……

那时我迷迷糊糊马上就要睡着，看到邮件的字，顿时五雷轰顶，我打开通讯录就要给她打电话，可是又犹豫了。

这个时候，我要跟她说什么呢？劝她别难过，孩子失去了，以后还会有？

不不，说这种话的人，一定是没有见过准妈妈的人，不能体会她们那种失去孩子的痛楚。

我放下了电话。

那一晚，我睡得非常差，反复做着一个噩梦：梦里，她朝我撕心裂肺地哭喊，说她的宝宝没有了，她该怎么办……；我惊慌失措，使劲儿摇头，说我不知道……，我真的不知道。

那个噩梦，让我更加不敢给她打电话，只好发邮件，我字字斟酌，小心翼翼：

亲爱的，若是心情不好，我可以飞去陪你，等你身体好了，可以来武汉，我养你……另外，不管你做什么决定，我支持你……

傍晚的时候，她给我打了电话。这一个小时里，她跟我说了很多，从放弃工作做全职妈妈开始，直到她丈夫家那边的不近人情，还有他的不理解……

说故事的人没有哭，可是我却哭红了眼睛。

她的声音很轻，却一字一字地砸在我的心口上。

亲爱的，如果他真的爱你，就不会让你受这么多委屈，不会舍得让你怀着宝宝还要踮着脚尖去晾衣服，不会让你在房间里偷偷掉眼泪……；如果他真的爱你，不会每天一回家，就躺在沙发上刷微博、看电视，而让你一个人闷在厨房炒菜做饭、辅导孩子做作业……；如果他真的爱你，更不会在你怀孕的时候，猛推你一把，让你心爱的宝宝消失在这个世界上。

这些话，我很想吼给谭谭听，这个被爱情欺骗了好多年的傻子，哪怕在肚子里的宝宝失去的一刹那，还在为她的丈夫说好话，说他永远是长不大的孩子，还不懂事……

难道，他真的不懂么？

或许只是没有用心罢了。一个真正用心的人怎会不知枕边人过得好不好，难受不难受，哪怕只是仔细看一眼，就再清楚不过。

婚姻和爱情里，单向的付出都是一种消耗。消耗着对那个人一丝丝的期待，一点点的喜欢。如果这些都没了，那这个人在她眼里就分文不值。

谭谭挂了电话，我在武汉便坐立不安。怕她会难受、怕她一个人偷偷地哭，怕那个噩梦会成真。

一个月之后，她又给我打了电话，说她准备离婚。

我没有问为什么，却在心里为她拍手鼓掌。

她忽然跟我说，她做好了一辈子不再结婚的打算，把大儿子抚养长大……

后面的话还没说完，我就打断了她的话："永远不要因为一次挫折就怀疑整个人生，好姑娘，永远都有光芒万丈。"

后来我经常跟她互通邮件。

邮件里，我不厌其烦地说：以后一定还会有人陪你看电影、喝咖啡，陪你逛街，陪你看你爱看的书，跟你聊红楼、聊李白、聊苏轼。只要是你喜欢的东西，他会因为你喜欢，而跟着去喜欢。

她邮件回复我：那那个人就不会觉得委屈么？

我又邮件回复她：不会，因为他喜欢你，所以他为你做的一切，他心里都喜欢。

后来，由于我们两个一个白天睡觉，一个晚上睡觉，就如同隔了一个大洋彼岸，所以我们很久不再聊天。

某个深夜，她忽然给我发了一个抖动窗口，发了一个笑脸，问：写不写？

我立马问：在线拼字吗？

她很快回我：对！

我在这边嘿嘿笑了两声，回：拼！马上来。

恍恍惚惚的，我仿佛看见了那个曾经为了梦想而开始写作生涯的女生，她眉目温柔，嘴角有浅浅的酒窝，只要一写稿子，就可以忘记周遭所有的事情。

我发了一个亲亲的表情，跟她说：亲爱的，欢迎你再次回来。

2.2 生如夏花之绚烂，死如秋叶之静美

一天，我收到一封来自 Sunshine 的邮件，她跟我分享了一个秘密。

在这里，我想分享给你们。

她的邮件主题写着：很爱很爱他，可是却只能陪他走到这里了。

近些年，随着写的书越来越多，越来越多的读者愿意跟我分享他们的故事。可是这是第一个有主题的邮件，我隐约感觉到这个姑娘有些难言之隐，便做了充分的心理准备，去读她的邮件。

邮件内容并不长，却配着很多美丽的照片。

有沿途的风景照，有购物时的随手拍，也有清新文艺的咖啡馆。

每一张风景照片后，都会配着一段文字。

4 月 15 日，跟他第一次出门旅游。因为一些琐事，我们大吵了一架，我大哭了一场，他搂着我一个劲儿地道歉。其实旅游回来仔细想了想，感觉那时候自己有些无理取闹了。真的好爱他啊，希望能跟他快点结婚。

6 月 18 日，去商场购物，他看上一块表，但是没有舍得买。那时候我银行卡里没有多少钱了，可是还是咬了咬牙，给他买了下来。买完表以后，他一个劲儿地说我败家，可是那块表自从他戴上之后，就再也不肯取下来了。

9 月 30 日，因为他工作调动，我们去了一个陌生的城市。有一天，他忽然一脸神秘地说要带我去一个地方。于是我们坐公交车穿越大半个城市，遇见了这个咖啡店。进去的第一眼，我就喜欢上了。后来，只要他工作不太忙，总是会带我来这里。

邮件看完之后，并没有我所料到的那般有什么难言之隐。能够看出来，这个姑娘的爱情十分美好，美好到现在的新疆已经入了冬，可是我心里却犹如春暖花开。

我很快给她回复了邮件：祝你们早点结婚，和和美美。

邮件发过去没多久，她很快就跟我回复了一封邮件：玲子，你先别急。我的故事还没有跟你分享完。

由于她的故事太过甜蜜，让我忍不住想要听到更多，于是我急忙回了邮件给她：好的，在线等！

大概等了一个多小时之后，我又收到了Sunshine的邮件，主题依然是那句：很爱很爱他，可是却只能陪他走到这里了。

她继续跟我分享他们的甜蜜故事。

邮件依然是图片与文字混排的方式，上面放着一张图，下面写着几段话，如果单看图，除了觉得拍的美丽之外，并无其他意义，可是Sunshine的文字赋予了图片新鲜温暖的活力。

通过她的描述，我能察觉到，她是一个内心丰富又热爱生活的姑娘。偶尔也会有些小孩子气，会跟男友发生不愉快，可是他们会很快和好。

她的他，是一个阳光有活力的大男孩，对未来的生活有着无限的憧憬。拼命工作，努力挣钱养着他们的小家庭。

Sunshine说，她为有他这样的男朋友而感到自豪。她还说，跟他在一起的日子，每一天都像是在过情人节。

邮件写到这里，就戛然而止了。

看到兴头上的我有些郁闷，便急急地给她发邮件，问她：然后呢？

在电脑这端，我等了很久很久，可是她依旧没有再发邮件。

也许忙去了吧，我心中这样想着，便关了电脑，随便拿来一本书看。

几天之后，我又收到了她的邮件，主题仍然是：很爱很爱他，可是却只能陪他走到这里了。

她没有再发图片给我看，而是写了一封很长的邮件。邮件里依旧是写的她与他之间的生活日常。大到出国旅游，小到生活开支，点点滴滴都充满了幸福。

虽然不再有照片，可是我仍然能够感觉到很美。

对于一个写言情小说的人来说，笔下的爱情最希望成为的样子，在我看来就是他们这样了。

没有惊天动地的誓言，也没有死去活来的伤痛。就是那种如同流水一般绵延细长的情感，渗透在日常生活中后，似乎就有了滴水穿石的力量，让人内心觉得震撼不已。

Sunshine 在邮件结尾跟我说："玲子，深夜时，我看你写的《终有一人，替代你的孤独》，情不自禁地泪流满面，他问我好端端的哭什么，我就说我过得太幸福了。他问我，既然幸福还哭什么。我说多希望这个世界上，每个人都能有人帮他赶走孤独。"

听她说了那么多关于她跟他的甜蜜故事，我在这个时候终于忍不住说她了：既然你们感情这么好，就不要想着那些爱他却只能陪他走到这里的话。你们现在这样幸福的生活，在别人眼里，是求之不得的浪漫。

这次她回复得非常快：我已经跟他分手了。

我十分惊讶：既然那么相爱，又是因为什么分的手。

她：在我跟他快要结婚的时候，被查出来有癌症。是不是很狗血的言情故事？

我在这边沉默了良久，为他们死去的爱情感到惋惜，又为这样一个善良的女孩感到心疼。我忽然不知道要怎样安慰她，似乎再多的话，都显得那样单薄。最后我问：这是多久之前的事情了？

她：半年。

我：你……还好吧？

她：我很好。

我：我能帮上什么忙么？

她：你能听我说这么多话，就已经是帮我最大的忙了。虽然跟他分开半年了，可是我总感觉还跟他在一起。玲子，都说真正的爱情是同甘共苦，可我却希望能跟他一起幸福，不要相濡以沫。

我：跟他分开后，你一点都不难过么？

她：怎么不难过呢，可是比起他要看着我慢慢地死去，我宁愿一下子从他的世界里消失掉，让他再也找不到我。

我：可是感情那么深，你也狠不下心，说走就走吧。

她：确实是这样，所以我趁着他睡着的时候，拿走了他的钱包里的钱跟银行卡，然后我去了别的城市，不停地刷他的卡，后来他重新补了卡，我想在他补卡的时候，就已经讨厌死我了……。医生来了，我不能跟你说了，以后再聊。

我关了邮箱，心情久久地不能平静下来。

爱情究竟是个什么东西，既能叫人变得心怀怨恨，也能叫人变得心境豁达。我见过很多最初相爱至极，最终却形同陌路。也见过太多最初仰慕彼此，最终却对对方的姓名只字不提的。可是还没有见过这种明明彼此都还相爱，最后最深爱的人却最先放开手的。

这一夜，我失眠了。脑海里想着那个叫 Sunshine 的姑娘，她泪流满面地离开那个她最爱的男人，然后那个男人是怎样从苦苦地寻找她、变成了最后的厌恶。

相爱时可以很快乐，可是痛恨却让人心如刀割。Sunshine 一定很明白这个道理，所以才以那么极端的方式离开那个男人。因为她清楚，让一个人忘记对方的最好方法，就是让那个人彻底地讨厌她。

虽然这么做，会让她很难过。可是她却让他的世界里了无牵挂。他还可以活好多年，而她的日子却屈指可数……

过了大概有一个月，我又收到了她的邮件，主题依然是：

很爱很爱他，可是却只能陪他走到这里了。

最初看到这行字，我带着猎奇的心里，可是后来我变得心情异常沉重。在我的认知里，总觉得善良的人一定会有福报，可是看到她现在的状态，我竟然变得不知该说些什么。

反倒是她的话很多，跟我聊起了她最近的情况。她说每天都在按时吃药，坚持做化疗。又说她以前是漂亮的长卷发，可是现在都剃光了。她最喜欢看着窗外的那棵大树，那朝气蓬勃的大树让她有了希望，总认为她的病有一天会治好。还说要是她的病真的有一天治好了，一定会重新回头去找他，跟他解释她离开他的真正原因……

我原本因为她生病而心情低落，可是看着她的邮件，心情竟然慢慢好了起来。仿佛我从电脑的这一端，看见了另外那边的她，她有着明媚的笑容、乐观的心态，如同一颗饱受风吹雨打的幼苗，屹立于风雨中岿然不动。

说是冲动也好，感动也罢。我信誓旦旦地跟她保证，在她病愈之后，我会跟他发邮件，证明她说的都是真的。

这番话令她高兴极了，说他也很喜欢我的文字，如果我能帮她说说好话，他一定能够原谅她……

我们邮件聊天没几分钟，她又没有音讯了。

我猜她的医生来了，不让她拿手机看，便跟她回道：你不用刻意找我聊天，好好养身体最重要。我若有时间，会主动跟你聊天的。

后来，我几乎每天都会跟她发邮件，讲一讲我身边的事情。她回复我的时间不固定，有时候一个星期才回一条简短的信息，有时候一两天可以回很多封邮件。

我们虽然没有见过面，可却像熟悉的老朋友。

她好像从没有过什么难过的时候，在我看来最折磨人的病痛，在她那里却轻描淡写。我喜欢她这样看得开，更喜欢她对未来生活天马行空的想象。

她让我觉得，不管身边发生了怎样的坏事，最好的生活总会在最后的时刻到来。

因为认识了她，我逐渐开始学着她的心态面对一切。于是很多人都说，我变得温柔了。可是我知道，让我温柔的不是我自己，而是她。

不知不觉地，我有很长一段时间没有收到她的邮件。

那些我已经发出的邮件，却越积越多。

我的心里有一个非常不好的预感，可是却又不敢深想。

一个星期之后，我终于忍不住地问她：你还好么？

只是一个月过后，依然没有回复。

她就如同从人间蒸发，让我再也找不到了。

有一天，我重温宫崎骏的电影，看到菜穗子因为得了不治之症离开了二郎，去山上独自死去。我不禁想起了 Sunshine，不知她现在还好么……

直到现在，我再也没有收到过 Sunshine 的邮件回复，可我仍然跟她发邮件，跟她说我最近的生活。

只有在这个时候，我才能感受到她如阳光明媚般的笑容。

那些她曾经发给我的邮件，已被我专门建立了一个文件夹小心珍藏。还有她那句“很爱很爱他，可是却只能陪他走到这里了”这句话，也将被我一直记下去。

她让我想起曾经在网络上风靡一时的“陪伴是最长情的告白”这句情话，其实也不过如此。真正动人心魄的爱情，是让对方遗忘自己，而自己却舔舐伤痛、埋葬情感。

因为曾经深爱过，所以苦一点也没什么要紧，只要他能在日后过的好。

那些 Sunshine 不曾说出口的话，如今我都替她说了出来。只是好可惜，她为他所做的这些事，他却永远都看不见。

今夜我重读泰戈尔的《飞鸟集》，那郑振铎译本的“生如夏花之绚烂，死如秋叶之静美”，让我又想起了好久不见的 Sunshine，这十四个字，正是她一生的写照。

2.3 何必穷极一生去追寻

如果说陷入爱情世界里的都是傻子的话，那么陷入单恋世界里的人，就是个白痴。这是我们对小萌的评价。

在小萌第 10 次去找陈陈告白的时候，我们这些做朋友的实在是看不下去了，硬是把她给堵到了她家门口，她跟个暴怒的小狮子一样，对着我们大吼大叫："我说姐妹们，你们是不是都见不得我好啊，我不就喜欢一个男人么，你们至于把我看得跟犯人一样，要不要我去拿个牌子写着'我是犯人'，再把这牌子挂在身上游行啊？"

我恨铁不成钢地往她头上狠狠戳了一记："你给自己留点口德吧，陈陈那种公子哥儿能是你驾驭得了的么，老老实实躺床上看书去。"

小萌急得一蹦老高："玲子，你这么说可不对，陈陈平常也没少帮你忙……"

“那他工作没完成的时候，我还义务帮他加班来着。”我说。

小萌鸡啄米似的点点头：“所以你看，咱们跟他关系都挺好的，要是我能跟他在一起，那不是亲上加亲么？”

我们一向都知道她能说会道，白的能说成黑的，黑的从她嘴里一过，立马能变成白的，所以这次我们姐妹几个早就做好了准备，就算她说破天，我们都不能让她踏出这门半步！

就在这时，我悄悄给大白使了个眼色，大白是我们这几个姐妹里口才最棒的，每次谈业务的时候，只要有她出场，没有拿不下来的单子。大白见我不停地冲她眨眼睛，立马会意，连忙帮腔：“小萌啊，你看，天色这么晚了，你一个人出门，我们多不放心啊，你又不让我们陪着你去找陈陈，作为好朋友，我们肯定不能放你走啊……”

大白最喜欢晓之以理、动之以情，小萌犹豫了一下，但还是坚持自己的看法：“我大半夜出去找他，他不得感动死么，指不定就答应我了呢，你姐妹的幸福生活就全仰仗陈陈能感动呢。”

大白满脸急色：“那要不然你带着我们其中一个人去，不然今天不能出去。”

我心里叹了口气，知道大白也败下阵来。

女生这种动物真是可怕，天生感性大于理性，爱情来的时候，说上就上，完全不会顾虑任何事情。小萌是想去找陈陈，也不看看这天色这么晚，要是她出个什么事儿……，总之，她就是一点都不为自己考虑一下。

眼见我们几个人都拦不住小萌，我只好拿出撒手锏，偷偷给陈陈发了一条信息：小萌要去找你了，别怪我没提醒你啊。

我短信才发出没几秒，小萌的手机立马就响了。

正在跟姐妹们争辩的小萌这也不争了，赶紧掏出手机，冲着那头甜甜地喂了一声，说："陈陈，你找我什么事啊？"

……

想想那一首《恋着多喜欢》，自从她认识陈陈之后，就给他设置了这个铃声，从此就再也没有换过，眨眼间，一两年过去了。

"哦！那你自己要小心啊，出门的时候把身份证跟钱包都带好，钱要分开装，别把身份证装钱包里，要不然小偷偷了你的钱包，你回都回不来，还有……"

小萌的话还没说完，电话就被挂断了。那一瞬间，她的脸色变得非常沮丧，本来还闹哄哄的，让我们几个姐妹急得跳脚，现在却低着头把手机揣进口袋，慢慢地朝卧室走去。

每每目睹这一刻，我们又开始无比心疼她起来。

"喂，小萌，不至于吧？"舟舟拉住了她的胳膊，"不就一个男人么。”

小萌深深吸了一口气，努力笑了笑：“确实不至于，那啥，我现在有点瞌睡了，你们要走的时候麻烦帮我把门关好。”

大白张了张嘴，还想说什么，我微微摇了摇头，示意她不要说了，然后做了一个手势，意思是让她俩去外面说。

走出她家之后，大白最先开口：“玲子，听小萌的口气，陈陈是出差了，真的假的？”

我白了她一眼：“他出差我能不知道么？”

舟舟立马说：“既然他不出差，那为什么要骗小萌啊，你看她刚刚多失落。”

大白：“不骗她，她不得过去找他啊，陈陈本来就不喜欢小萌，这会儿能躲她多远就躲多远，你还不明白么？”

舟舟不愿意看到小萌受委屈，小声嘀咕了一句：“不就长得帅点么，拽什么啊，也就是小萌能看得上他……”

“行了。”我有些烦躁起来，“还嫌事儿不够乱？都这么晚了，赶紧各回各家吧。”

“那小萌呢？”大白跟舟舟异口同声。

“她不是已经睡觉了么。”我反问。

她俩互相看了看对方，最后又问我：“玲子，你不怕她一个人躲被窝里哭鼻子么？”

这话倒是把我问笑了：“她哭的次数还少么，你们别瞎操心了，赶快回去吧，我再给陈陈做做思想工作，让他也多劝劝小萌。”

听我说完这些话，她们才各自回家去了。

我出了小萌的小区，给陈陈打了一通电话，这个点按我对他的作息时间的了解，他应该正在外面跟人喝酒。电话打通的时候，那边传来嘈杂的声音，一接通电话的那一刻，他就有些不耐烦了：“我说玲子，这什么时候才是个头，我不想伤害她，但是她这样确实对我的生活造成了困扰，你叫我该怎么办吧？”

说话的时候，他还在咕嘟地喝着酒。其实我有时候也想不明白，小萌曾经最讨厌喝酒的男人了，怎么到了陈陈这儿，全都变了个样儿，他所苦恼的也正是我所苦恼的。

我想了想，说：“要不你伤害她吧！”

“伤害？怎么伤害？”陈陈不明白了。

“她最怕你说什么话，你就说什么，最怕你做什么，你就做什么。”我直截了当地说。

陈陈有些犹豫了起来：“这样不太好吧，我只是不想让她喜欢我，没想着要伤害她。”

关于这点，我也明白，只是有些时候，如果对对方仁慈，其实是一种变相的伤害。

我问他：“你有没有可能在以后的日子会喜欢她？”

陈陈立马说：“别逗了，我要是能喜欢她，会拖到现在？”

“那就行了，你以前不喜欢她，现在不喜欢她，日后更不会喜欢她，那么你现在对她的仁慈，就是对她最大的残忍。”说这些话的时候，我故意拿出一副语重心长的口气，把问题说的要多严重就有多严重。期间，我停顿了一分钟，让陈陈有时间把我的话好好消化一下，然后又继续说：“我们真的老大不小了，哪有太多的时间去喜欢人，你要是真为小萌好，就不要再对她心软了。”

“你让我好好考虑考虑吧，毕竟我是个男人，做出伤害女人的事儿，还真有点下不了手。”他有些推辞。

“我希望时间不要太久，你也知道，拖得越久，对她的伤害也就越大。”我也不再给他解释的时间，直接挂了电话。

现在已经是凌晨 1 点了，城市的街道早就安静下来，偶尔会有车辆从我身旁经过，带来了一阵风，卷起地上的秋叶。我抱了抱胳膊，想起那个叫一叶知秋的成语，秋天来了，所有该结的果实都已结了果，可属于小萌的爱情果实却迟迟不来。我走在大街上，脑海中想着小萌那段苦苦追求却又得不到的恋情。

跟所有去外地打拼的人一样，小萌努力又勤奋，但凡看准的事情总是不计成本地去争取，可以称得上我所认识的人里，数一数二的女强人。她常常跟我们说："别人有，不如自己有，自己有，就得拥有最好的。"在我心里，把她视为自己学习的榜样。

可是这个榜样，有一天却告诉我，她爱上了一个男人，那个男人有明媚的笑，会讲幽默的段子，他每天上班的时候只要一累了，就会喝一杯咖啡提神，他穿四十码的鞋，有一米七五，生气的时候喜欢皱着眉沉默不语……

说起这些话的时候，小萌满脸兴奋，我的心却咯噔一下，她说的这个男人就是陈陈。他长相帅气，谈吐文雅，堪称经典款的梦中情人。何止是小萌，他身边许多年轻貌美的女士，都曾对这个男人暗许芳心。我赶紧旁敲侧击，问她喜欢陈陈到了哪一个地步。

她说："非君不嫁。"

这种又酸又文艺的话，是我第一次从小萌的嘴里听见。果然，爱情的力量，是伟大的。

还来不及感慨，我就被她派了一个任务。

"玲子，你跟陈陈关系好，帮我打探一下他喜欢什么样的女生，我要努力变成那个样子。"难以置信，昔日的女强人，面对爱情的时候，也会因为害羞脸颊泛红，着实可爱。我不禁为之动容，当即答应下来。

就这样，我三番五次从陈陈嘴里套话，当觉得了解的信息够全面了，就做了一个汇总表，一并交给了小萌。小萌拿着那张汇总表，高兴得嘴巴都合不拢了。为了赶紧把小萌推销出去，我也算是下了血本，破例请陈陈吃了一顿西餐。请客那天，小萌就按照我们事先编排的那样，穿了一件非常仙气的白纱裙子，头发烫了微微的卷，文文静静地坐在我旁边，俨然一位婉约淑女。

我跟陈陈郑重其事地介绍，说小萌是我的好朋友。陈陈朝她点了点头，简单地跟她做了一个自我介绍。

吃那顿饭的时候聊了一些什么，我全都给忘记了，但我却清楚地记得小萌满面红润，眼神亮晶晶地看着陈陈，她已经不是第一次喜欢一个人了，可看到陈陈的时候，却俨然一副情窦初开的少女模样。

面对喜欢的人时，她仍然难掩心中欢喜。晚饭之后，小萌目送着陈陈开车离开，等到车子拐进另外一条路，再也看不到之后，小萌还在看啊看的。见她那么没出息，我忍不住感慨了一番："小萌啊小萌，没想到你也有今天。"

小萌头一扬，双手一叉腰："老娘爱这样，你管得着？"

陈陈才走没一会儿，她立马原形毕露，哪里还有半点淑女的模样。

见她这么生龙活虎的，我就开起了玩笑：“行啊你，有异性没同性，认识你这么多年，就没看你对我那么温柔地笑一下？”

她知道我在损她，提着才买的小包就追着我打，就这样，大白天的，两个“大写的淑女”在街上肆无忌惮地跑着闹着，周围人像看疯子一样投来异样的目光。直到实在跑不动了，我们蹲在地上喘着气，勾肩搭背地看着对方傻笑。

“你说，属于我的真爱会不会就要来了？”她一脸的憧憬。

“你觉得呢？”我反问她。

“我觉得陈陈好像不讨厌我。”她说。

“这你就满足了？”看她笑得跟傻瓜一样，我也乐不可支。

“你懂什么。”她鄙夷地看着我。

是啊，我不懂，女强人的世界，我这种小女人真心不太懂。

小萌趁着陈陈对她不讨厌，赶紧展开了攻势，从我这里要去了陈陈的电话号码，每天她都跟我分享与陈陈有了什么样的新进展，我以为他们两个将要成其好事，不免也为他们高兴起来。

然而就在没几天之后，陈陈就约我见了面，他一改往常嬉皮笑脸的模样，很认真地跟我说：“你不要再让小萌联系我了，我跟她是不可能的。”

我有些尴尬，压根儿没想到小萌会这么快表白。作为她的好姐妹，我肯定站在她的这一边，于是我笑嘻嘻地说："我们家小萌可好了，能文能武，能扛大米上楼，又能吟诗颂词、花前赏月，只要你喜欢哪一款，她就能给你变出哪一款。"

陈陈笑得肩膀抖了好几下："你真够义气啊，我都没见你夸自己夸这么狠的。"

见他高兴，我以为有戏，正要再为小萌美言几句，就听陈陈抢先说道："我跟她不可能的，我现在就是一个浪子，你怎么能让一个浪子从良去谈恋爱？小萌很好，人也活泼，长得也漂亮，可是我不能因为这个就跟她随随便便谈个恋爱，对不对？"

"这……"

"你是个讲道理的人，但是不能因为小萌是你的朋友，就不讲道理。"陈陈见我还想狡辩，把语气加重了不少，"回去跟小萌说吧，让她不要再来找我了，我看她这个样子，一时半会儿也不可能跟我做朋友的，我可不想跟她纠缠。"

他态度这么坚决，我只好点头答应下来。

陈陈一走，我就开始琢磨起来，要怎么跟小萌表明陈陈的态度。思来想去，还是委婉些吧。

见完陈陈，我又约小萌去咖啡馆喝咖啡，柔柔地说道："其实吧，陈陈这个人毛病也一大堆的，别看他每天光鲜亮丽地出门，只要一回家，臭鞋子臭袜子满天飞，还不喜欢洗澡，就爱上网打游戏，打游戏输了还喜欢摔键盘，他家的机械键盘都被他摔坏好几个了，哦，对了，他还是个男权主义者，做事情喜欢唯我独尊……”

“你说了他那么多坏话，就是想说他不适合我吧？”小萌淡淡地来了一句。

我点头，证明她说的没错。

她倒是很潇洒：“那有什么关系，我可以去适应啊，适应不了，我帮他打理呗，多大点事儿，至于这么认真么？”

我心里暗暗叫苦，问题的关键在于人家陈陈根本不想让她插手啊。

紧接着，她豪言壮语了一番：“世人常说，男追女，隔层山，女追男，隔层纱，等着看吧，我就快要把他追到手了……”

就这样，她继续在“这场恋爱的道路”上加油，陈陈被她烦得要命，却出于礼节不好把话说得太明显，而小萌又偏偏是那种给点阳光就灿烂的人。

她每天起很早为陈陈做爱心午餐，可陈陈转头就送给其他人。她约陈陈看电影或喝咖啡，陈陈能推就推，实在推不了，就拉我做挡箭牌。

是个男人，都应该毫不犹豫地答应让小萌做自己的女朋友吧，我猜。

我活了 25 年，就从来没有见过比小萌还要热情执着的人，她就像是一团火焰，炙热而耀眼，可奈何陈陈就像是一潭水，二者势必不相容。

我希望陈陈能看在小萌热烈爱意的份上，能够忽然萌生要谈一场恋爱的想法。

可是一晃两年过去了，她的爱意不减，而陈陈却对小萌愈发的冷淡起来。小萌给陈陈发信息，总是有去无回。打电话，基本上是打三十四个，有一个能接的就是好的了。我在一旁默默看着小萌从最初的欢天喜地到后来逐渐地失落，再从失落里昂起头打起精神，而后再度失落。

在爱情的跑道上，她磕磕绊绊，勇往直前。有时候看到她抱着冷冰冰的手机痴等着陈陈的短信或者电话，我的心会微微有些疼。每次我想要劝她放弃的时候，只要一看到那双充满爱意的眼睛，有再多的话，也只好咽了回去。

然而，就在此时此刻，我忽然觉得自己以前都做错了，爱情哪有委曲求全，从来都是互相满意，只有你喜欢我、我喜欢你的状态，才能彼此走到最后，而那种稍有瑕疵的爱情，总会无果而终。

放眼看去，那些谈了很多年恋爱的人，最后因为一点小事就能闹分手的，或许开始时就注定失败。

这天晚上，我不知道小萌有没有睡好，可我却睡得不安稳，梦里全是小萌这丫头。

在没有认识陈陈的时候，她做事果断，美丽大方，人群之中扫一眼过去，她是你第一眼就会注意到的人。这样充满魅力的女子，却在遇到心爱的人之后，闪光点尽失。她把所有曾经用来丰富自我生活的时间、精力都放在了这个男人身上，为他笑，为他沉默，为他郁郁寡欢。而且，似乎这种生活遥遥无期。

对于没有结局的单相思，当苦痛超出愉悦太多的时候，还不放手？何苦让美好的情感成为生活的累赘。

无奈第二天，小萌就收到了陈陈发来的短信，言辞十分刺耳：

> 你以后不要再纠缠我了，我很烦你这样，作为一个女人，你好歹有点尊严吧，以后你要再联系我，我可就翻脸不认人了。

小萌不死心地追问："你不喜欢我哪里，我可以改掉。"陈陈吼了句"神经病"后挂了电话，再接着把她的电话拉入黑名单，微信、QQ 全部删除。

这个世界上，想要凭空玩儿消失，容易得要命。自此之后，小萌就再也没有办法找到陈陈了，她慌了，问我怎么办。

我说："这个男人就不是不喜欢你"，小萌惊喜地瞪着眼睛，"他是对你没有半点好感。"

小萌站在原地愣了好半天，然后喃喃自语了一句："可是我喜欢他啊，我都喜欢他两年了。"

她转过身慢慢地朝她住的地方走，背影被傍晚的斜阳拉得好长。有那么一瞬间，我想抱一抱她，但是我知道要是真这么做了，她一定会找我再去找陈陈，替她说几句好话……，所以只好忍住了。

后来那几天，除了上班，她就在家里发呆，伶牙俐齿的她变得无比沉默，大白跟舟舟想要去看她，生怕她会想不开出什么事，可又有口难言，我把她俩拉出去进行思想教育了一番："现在正是小萌的关键期，你们谁都不许去打扰她。"

她俩异口同声："要是她真出事了怎么办？"

我瞪了她俩一眼："都多大的人，会殉情自杀么？你们少看点没营养的电视剧，没事儿多看看书吧。"

……

一天，陈陈给我打电话问："小萌最近怎么样？"我如实奉告。陈陈有点急地说："要不我去看看她吧，其实我还挺愿意跟她做朋友的。"

"开玩笑？您还是歇歇吧！"

大概一个多月之后，小萌召唤几个好姐妹到我们最钟爱的餐厅相聚，又问服务员要来了几瓶啤酒，利索地给我们几个人给满上，发表豪言壮语：“快点祝贺我，小萌我又回来了。”

也许，无数个静谧的夜晚，小萌依旧会难过，可那又怎样呢，何必穷其一生去追寻？

第3章

在安逸的生活里苟且，还是高傲地走向远方？

3.1　行走在别人眼中的妖怪

阿津非常叛逆，从上学的时候起，他就跟别人不一样。

学校不允许染发，他偏偏去染了一头黄毛，引得学校女生一片尖叫。不可否认，阿津长得很帅，棱角分明，个子高挑，嘴角一上扬，勾起一抹坏笑，看起来真有韩式小说里男主角的味道。

那时候，学校里的女生一边在宿舍看《那小子真帅》《狼的诱惑》，一边悄悄讨论着阿津，聊着他的绯闻八卦，今天他又做了哪些出格的事情，又惹哪些老师生气……

阿津能惹老师生气，倒不是因为他学习成绩差，相反的，他成绩很好，随便哪一门功课拿出去，都能排到全年级前五名之内。他惹老师生气，是因为他太自大了，总以为会的东西就不用再听，于是上课的时候，老师在讲台上辛辛苦苦讲课，他在讲台下呼呼大睡，带坏了一帮同学都跟着一起睡。

有一次数学课堂上，阿津照旧坐在教室里睡觉，新来的数学老师张倩忍无可忍，把他抓起来做典型，让他去走廊外面罚站。阿津大摇大摆从座位上站起来走到门口，全班同学那个时候一下子都兴奋了，无论男女都连连拍着桌子大喊："阿津，你太帅了。"

这样全班大规模的举动，在张倩的眼中简直就是造反，她拿着黑板擦敲着桌子："安静，安静，给我安静下来。"

哪知道张倩越让他们安静，他们就越是安静不下来，还起哄拍手叫好。最后快要走到教室门口的阿津转过身，轻描淡写地说了一句："你们要尊师重道啊，老师让你们安静下来，难道你们都没听见么？"

原本闹哄哄的学生，因为他一句话，立刻就安静下来了。

张倩那个时候年轻气盛，又刚教书不久，心里头认为教书是一个很神圣的职业，哪里允许学生这样侮辱。她这节课死活是上不下去了，哭着跑出去。在洗手间里，她一边哭鼻子，一边拿纸巾擦眼泪，最后越哭越觉得委屈，怎么也停不下来。

阿津在走廊外面站着，走廊的尽头就是阳台，那时候正是早上，阳光从阳台上照进了走廊，斑驳的光影落在他的脚下。他听见洗手间传来张倩的哭声，眉头皱了皱，好像从那个时候起，他的心境微微发生了一些变化，究竟是什么变化，他自己也说不清楚。

张倩在洗手间哭够了之后，心里清楚自己的职责是教学生学习，其他的情绪不该有，也不能带到课堂上。她整理好情绪，继续回班上教课，把阿津也叫了进来。

放学之后，阿津等着被她叫到办公室一顿好训，哪知道，什么事儿也没有，他有点纳闷，张倩在他眼里是个睚眦必报的人，他惹她不高兴，按理来说，她不应该就这么轻易放过自己。

那一学期，阿津心里一直装着这个事儿，数学课上倒是没再怎么睡觉了。

因为他不睡，班上也没人带这个头，后面的学生都不敢睡，所以这学期班上的数学成绩整体水平有很大的进步。张倩被评为全校优秀教师，阿津知道后，趁着她高兴的劲儿，忍不住去办公室找她。当时，张倩正在改作业，见阿津进来了，还对他笑了笑，问:“你找我有什么事儿么？”

阿津摸了摸鼻子:“那时候我把你气哭了，你怎么没找我麻烦？”

张倩先是愣了愣，旋即又笑:“那会儿我确实挺生你的气，想把你抓到教导主任那里，让他好好训一训你。可是转过头又想想，算了，你比我还小了好几岁呢，你是九一年的吧？”

“恩。”阿津点点头。

张倩见他脸色有些紧张，似乎那件事他一直都没有放下，其实她早就放下了。既然选择了这样一个职业，便该有承受这个职业所带来的各种情况。她笑着对他敞开心扉："我是八五年的，大你 6 岁，如果撇开师生关系，你还得叫我姐姐呢，姐姐哪儿能跟弟弟计较。对吧？"

"所以呢？"

"所以，我就原谅你了。"

阿津有点蒙，他记得那天班上同学可是公然在课堂上大声吵闹，她哭着回去之后，班里的学生还在议论纷纷，他坐第一排都听得非常清楚，张倩也应该听见了。都是因为他带头睡觉，才让她变成了大家私底下的笑料，所以他一直以为她会报复他。

张倩见他一直在发呆，拿钢笔敲了敲他的头："想什么呢？"

他没有回答他在想什么，反而又问她："你有弟弟啊？"

提到弟弟，张倩一脸自豪："那当然，我弟弟是研究生，厉害着呢。"

阿津鄙视地说："研究生有什么了不起，我要是想考，也能考上。"

这话张倩赞同，阿津的聪明是全校师生都有目共睹的："你是我见过的学生里，最聪明的。"

“说的好像你教过很多学生一样。”

“我虽然才开始教书，但是我上过好多年学啊，从来没见你悟性这么高的。”

张倩由衷夸赞，让阿津这副金刚不坏之身竟然脸微微红了。

又跟张倩随便聊了几句，阿津就从张倩的办公室里出来了。那一颗一直以为张倩会报复的心，也渐渐趋于平静。

放暑假的时候，有一次，他闲着没事去学校打篮球，看到张倩跟着一个年轻的男人一起吃饭，就跟她打招呼：“张老师，你男朋友啊。”

张倩还没说话，她身边的男人就先伸出手要跟他握手：“你不认识我，可是我认识你好久了，经常听我姐提起你，说你特别聪明。”

张倩的神情特别自豪，搂着他跟阿津的肩膀，笑得特别满足：“这个世界上最聪明的两个孩子，竟然都被我碰到了，我运气实在是太好了。”

阿津被张倩搂着，眼睛却一直在看着她弟弟。还在心中默默比较了一番，他长得比自己高，头发比自己短，是黑色的，自己是黄色的，他穿着白衬衣，而自己穿非主流的 T 恤，他没有耳洞，而自己有。比较完之后，他莫名想起了张倩那天满脸自豪地提起他弟弟的表情。

他忘记是怎么跟张倩的弟弟说完话的，只知道他很快就回家去了。篮球再有魅力，现在好像也没了吸引力。

张倩是他认识的老师中，最特别的一个。她以弟弟为骄傲，他忽然也想让她以自己为荣。

那一天他去了理发店，跟理发师说："给我剪一个学生头。"

理发店的老板认识他很久了，听到他这么说，立马就说："小子，你失恋了？"

阿津纳闷："我连女朋友都没有，哪来的失恋？"

理发店老板不信："没有你干嘛剪学生头，那多土啊？"

阿津眉头一拧："我爱剪就给我剪，哪儿那么多为什么啊？"

于是理发师将他个性张扬的黄色头发剪去，又给他染回了原来的黑发，他在镜子面前照了照，觉得顺眼多了。出了理发店，他把耳朵上的耳钉摘了下来，扔进了垃圾桶。

他的这番变化被其他同学看在眼里，私下议论纷纷，说曾经的潮男如今土得掉渣。有一次他们议论的时候，正巧被阿津撞个正着，大家都有些害怕，他这个人生起气来，下手也没个轻重，把人打进医院躺着也不是一次两次了，哪儿知道阿津只是淡淡地说："觉得我土你们就不要学呗，我逼你们了？"

一句话，问的那几个人哑口无声，纷纷都低下了头。

他把手揣在口袋里，往教室里走，回到教室的时候，他细细想了想刚才发生的事，换作以前，他二话不说就动起手来了，怎么偏偏这次异常冷静呢？他想了好久，才终于想明白，因为张倩和她的弟弟。她弟弟是一个乖学生，那天他们聊天时，从对方的言行举止就能感觉出来，他有教养、有素质，他一言一行，一看就知道是学校的老师所喜欢的。而这些，都是他不曾有的。

意识到这一点之后，阿津开始细数自己之前的恶行，打架、染头发、打耳钉、喝酒、抽烟，哪一个他都沾染了，还是一个暴脾气，“话不投机半句多”非他莫属。想一想，真是丢人啊……

要想做张倩崇拜的人，一直这么下去可不行，阿津动了动脑筋，琢磨着要怎么做一些改变。

于是，在大家开始学着叛逆的时候，阿津已然开始学好。

戒烟真的很难啊，对于一个有着两三年烟龄的热血青年，想要一下子戒了，不仅需要坚韧的毅力，还需要身边人的配合。奈何跟阿津交好的人，大都是些社会朋友，他们可不管阿津是不是学生，只要看到他，一定会递上一根烟，然后再聊天吃饭。若是以往，阿津二话不说，放在嘴里吸一口，赛过活神仙，可现在，既然他下定决心戒烟，便逢人就说，他戒烟了。有些人仍然给他递烟，他也不接，暴脾气来了，竟能因为这跟人动起手来。

于是身边的人渐渐都不再给他递烟，最多背后说一说他的坏话："说戒就戒，难伺候。"

这话传到阿津的耳朵里，他嘴唇扬了扬，爱说说去。

戒烟只是他改变的第一步，第二步便是上课不再睡觉，不管是什么老师的课，也不管内容他究竟会不会，反正他就是腰板挺得很直，认认真真地听讲。

那个时候，大家都以跟老师唱反调为荣，可他偏偏逆行其道，当时越流行什么，他就越不那么做。他以前是学校里数一数二的风云人物，而现在，俨然成了老师眼中的乖学生，学生里的怪物。

那身校服被他洗了穿，穿了洗，破了再缝补，实在穿不了，就再买一套新的，以前非主流的那些衣服，大都送了人，实在送不出去的，全都留作压箱底，闲着没事的时候，就翻出来怀念怀念以前的叛逆年代。

阿津所做的这些改变，全被张倩看在眼里。于是那几年，张倩对他越发好了起来，除了教他功课，平时还带他出去玩，甚至做了好菜，还会叫他一起来吃。而阿津不喜欢白吃白喝，家里的大米、粮油，煤气罐，都是他在按时帮她搬运。因此在张倩心中，阿津不仅是个知错就改的好学生，更是一个亲人般的存在。

直到有一天，放学回家的时候，阿津无意间听见两三个人在议论他跟张倩谈恋爱，他立马忍不住冲了上去，将他们狠狠揍了一顿。

那两三个人躺在医院里，给自己的班主任打电话，说他们被阿津揍了。

他们的班主任姓王，是教语文课的。王老师气呼呼地到了医院的时候，阿津端端正正坐在椅子上，眼睛直视着王老师来的方向。

王老师走到他跟前，还没来得及开口，就听见阿津说："我打人我不对，但是他们不能冤枉我跟张老师。"

"张老师，什么张老师？"王老师一头雾水，不明所以。

他扭着头看着病房："你问问他们就知道了。"

"等等，我跟您一起去"，阿津潇洒地跟了上去，"我是怕那三个人趁我不在，乱报军情。"

王老师拍拍他的肩膀："那行，你跟我一起进去，要是他们乱说，你就在旁边提醒我，要是真像你说的那样，我会好好教育他们。"

说完，王老师领着阿津一起进了病房。等他们再出来的时候，张倩就等在门外，一脸紧张地看着阿津跟王老师："到底怎么回事，是不是阿津又惹事了？"

王老师把前因后果都说了一遍，原来不是阿津惹的事，张倩稍稍松了一口气，才转头去训阿津："那你也不能打人啊！"

阿津耸了耸肩："这事儿日后要被我碰到，该打我还打。"

这暴脾气，让张倩急红了脸，正想要再说，王老师在中间说好话："教育学生，得慢慢来，小张啊，回去以后好好说，这还在医院里呢。再说了，他的腿也被那几个熊孩子给踹了几脚，这会儿估计站着都是在逞强呢。"

张倩一听这话，就要弯下腰去看他的腿："哪里伤着了，要紧不要紧。"

阿津往后退了好几步："大庭广众的，这样好么？"

一句话，成功逗笑了两个在场的老师，王老师说："你还把他们的话记在心里了。"

阿津阴阳怪气地说："那当然了，师生恋，这在学校可是要背处分的，我能记不住么！"

张倩把他拽回来，非要掀开他的腿，看见上面一大片瘀青，护犊心切的她立马不高兴了，只是碍于王老师的面子什么都没说，而是看着阿津说："我送你回去吧，你整个小腿都青了，这怎么走。"

阿津使劲摇头："那不行，万一他们说我们俩谈恋爱……"

"谈什么谈啊。"张倩终于忍不住了，这孩子脑袋瓜里成天在想着什么乱七八糟的东西，她大声吼他，"我比你大那么多岁呢，一直把你当弟弟照顾着，只有那些小孩儿才看不出来，你怕什么呢。"

阿津看了一眼王老师，又咬文嚼字："既然成人都能看出来你把我当弟弟，那以后谁要是再说我跟张倩谈恋爱，我可要告他诽谤了啊。"

阿津的爸爸就是律师，在当地很出名，基本打官司，一打一个准儿，阿津的爸爸又是个特别疼爱儿子的，这在全校都不是什么秘密。

王老师叹了一口气："就你心眼多，我回头好好说说他们。"

张倩又想起来阿津打伤了人，让人就这么躺在医院里可不好，就问："他们的医药费交了么？"

王老师："阿津都交了。"

张倩扭头看了一眼阿津，见他毫无愧疚之意，便跟王老师说："这儿人多，我也不好训他。等回去会好好教育他的。"

王老师看着张倩刚刚那么生气的样子，想了想，又说："其实吧，这事儿也不全赖阿津，他虽然爱打架，但也不是那种爱惹是生非的人，你也别说太过了。"

张倩嗯了一声，扶着阿津往医院门口走。

电动车就在门口，张倩才扶着他走到电动车跟前，他就想要上去骑，张倩实在气不过，一巴掌打在了他的头上："都伤员了还想野，给我坐后面去。"

阿津嘿嘿笑了笑："老师，你那么凶，有男朋友么？"

张倩扶着他坐好，然后带他回家："你要以后不打架了，我把我男朋友介绍给你认识。"

阿津："真的？"

张倩："恩。"

阿津一高兴，忍不住开始话多了："你刚刚说把我当弟弟，不是一时兴起吧？"

张倩："肯定不是啊，你聪明，好学，有个性，就是缺一个人领着走正路，你看你现在不是特别优秀么？"

"那……你以我为骄傲么？"阿津磨叽了半天，主要还是想问这个。

张倩想都没想，直接说："肯定啊，不然班里的学生那么多，我干嘛对你最关心啊。"

这说的倒是大实话，自从他开始做乖学生了之后，张倩经常带他一起出去吃饭，还会给他买参考资料，虽然那些资料他就算不做，成绩依然不会差，可是张倩为他付出的点点滴滴，他都记在心里面。

阿津知道，作为一名合格的老师，只要在教学任务上按时完成教课指标，在学校关心学生就够了，可是张倩对他显然不止如此。

正是因为这样，他才会想要变成她的骄傲。这感情有时候来的就是那么纯粹。他也清楚，张倩看他时候的神情，就跟看她弟弟的眼神一样，他享受这样的状态，也希望把这种感情一直维持下去。

所以在听见那几个学生说他在跟张倩谈恋爱的时候，他才会上去打架，其实他早就不喜欢打架了，只是当时的他认为，如果不打他们，日后还是会有人传一些莫须有的话，他不怕流言蜚语，可是他怕她会怕。

她对他好，他不想给她惹麻烦，他希望她一切都好。

因为双方都有过错，所以学校处理的结果，就是让那几个学生给阿津道了歉，阿津也给他们道了歉。事情就这么了了。

张倩仍旧对他像以前那样关心，他仍然享受这这份关心，在家里也毫不避讳地谈起张倩对他的好，他爸一高兴，还把张倩请回了家来做客。

张倩是外地人，原本不在当地住。每逢过节都要回家过。可是阿津的爸爸坚持要张倩带着父母来这边过节……，一来二去，他们的感情就更加好了。

几年过去，在阿津快要高考的时候，张倩早就不再教他课，可是仍然辅导他的高考功课。

有一天，张倩忽然问他："高考你紧张不紧张？"

他非常自信："你带我这么多年，你觉得我会紧张么？"

张倩问："你想报哪个大学？"

他说："地质大。"

张倩笑得特别开心："报这个好，当时我就想让我弟报这个，但是他没考上。"

就是因为这个原因，阿津才会报这个学校的啊。

后来的后来，他大学毕业之后再考研，考研结束后面试应聘，一切顺利得不像话。而张倩嫁人生子，在当地有了一个家，彼此之间联系密切，关系好到如同一家人。

新生开学，阿津作为高中一年级的数学老师，第一次站在三尺讲台上，跟台下的同学们说："我以前从来没有教过书，这是我第一次给你们讲课。但是在讲课之前，我想要跟你们分享一个故事：从小到大，我就跟别人不一样，经常做着别人眼中的坏孩子，而当大家都开始做坏孩子的时候，我又开始做好孩子，我的世界似乎永远都与别人不一样，我打过架，抽过烟，打过耳钉……，但是学习成绩名列前茅，不谈恋爱，不喜欢喧哗取众，没有人能约束住我，只有我想做不想做……”

“那你岂不是独来独往，成了别人眼中的妖怪么？”有学生忽然插嘴。

阿津笑了笑：“行走世间，我们都是别人眼中的妖怪，但是这有什么关系呢？每个人都有每个人的思想，谁也管不了谁。”

“那……岂不是会很孤单？”

“孤单？”阿津摇了摇头，“你总会在你的世界里，发现一些你认为值得追求的事情。”

“老师，在你的世界里追求到了什么？”学生好奇地问。

他闭上了眼睛，脑海中想到的是张倩平日里对他的好，他睁开眼睛之后，微微一笑：“我收获了一个姐姐。”

“姐姐？”台下异口同声地问。

他点点头：“同学们，如果你们愿意，我会领着你们在做妖怪的路上，变得可爱又倔强。我会放开手让你们做自己想做的事，但是前提是，你们得像我当年一样有优秀的成绩……”

阿津的话还没有说完，台下掌声雷动，他看着第三组第三排靠窗的位置，依稀想起当年的他，就坐在那个位置。那时候，阳光正明媚，花月正春风，年华正好的岁月里，有他，有张倩，还有他无尽的青春时光……

3.2 离经叛道的未来

娇娇长得算不上漂亮，可也不算难看，有些婴儿肥，笑起来的时候脸蛋像个小包子。因为脑子不够聪明，虽勤奋，但读书就算再努力也读不好，加上家里经济条件不好，父母在她身上看不到什么希望，就做主让她辍学，回来帮家里做点事情。

说是帮家里人做事，其实她心里清楚，是在替父母分担弟弟的学费。那一年，她才刚满十八岁。

十八岁的小姑娘，能做什么事儿呢，无非就是在棉花地里摘棉花。这是当时来钱最快，收入最高的活儿。

按照当时的行情来看，摘一公斤棉花，能挣个一块五，她一天能摘八十多公斤，这么一合计，就是一天能挣一百二十块。每天早上六点十分起床，晚上八点半回家。

回家的第一件事情，就是把那一百二十块如数上交给父母。

娇娇最喜欢的是秋天，最讨厌的也是秋天。

喜欢，是因为这个收获的季节她挣得钱最多，一个月下来能有好几千；讨厌，是因为这个干燥的季节，她会活脱脱干掉一层皮，脸色蜡黄难看。她的同龄人中有的考上大学，有的外出打工，只有她还在家里。每逢他们回家，她总不敢出去见人，生怕同学们会笑话她那张沧桑的脸。

可是这个世界就是那么怪，越怕什么，就偏偏越来什么。

过年的时候，她去超市买年货，正好碰到了从大城市里回来的好朋友孟孟，不对，说得更准确点，应该是很久之前的好朋友了。在她辍学之后，她们见的次数越来越少，能聊起来的东西，也越来越少。

其实，刚看到孟孟的时候，她准备掉头就走，哪知道，正准备转身时，眼尖的孟孟一把拉住了她，非要跟她好好聊一聊。这一聊，就被孟孟拽去了奶茶店，基本上都是孟孟在说，她默默地捧着奶茶慢吞吞喝着。至于说了些什么，娇娇忘得一干二净，她只记得，孟孟的皮肤真好。

娇娇心怀艳羡地回了家，在自己的房间里拿着镜子照啊照，自己才十九岁，不过短短一年的时间，就老了好多，孟孟的脸上一点晒斑都没有，再看看自己，明明自己戴了草帽啊，皮肤怎么还是这么差？

什么东西都是经不起比较。娇娇有点不开心，但想到大过年的，她还是吃力地打起了精神，装作开开心心地过了个好年。

只是，一个人的时候，她总是会想起孟孟的那张脸，同样的青春年华，一个享受当下，而另外一个却整日为钱劳碌奔波，每每想到这些，她的心里不是不难过的。

20 岁那年的夏天，娇娇被父母安排着相了亲，对方跟她一样早早务工，唯一不同的是，那人家里还算有点钱，婚房有了着落。

娇娇的爸爸说：“我们家的条件你也清楚，你嫁过去，还能收个几万的彩礼钱，你弟弟的大学也能顺利读完，我也算没白养你。”

“难道你养我，不是因为我是你女儿么？”有史以来，娇娇第一次发问了。

爸爸结结巴巴地问：“你……这个话是什么意思？”

“没什么。”娇娇顿时就跟泄了气的皮球一样。她有太多的话想要问，可却不知应该从哪里问起来。

那天之后，她整夜整夜地睡不着，难道爸爸养她，就是为了给家里减轻负担么？

在家里再三催促下，娇娇终于去见了那个男人。那男人对她的长相还算满意，简单聊了天之后，就回家准备提亲的事了。

提亲的过程也简单，无非是好烟好酒送到娇娇家，扬言会出五万的彩礼。

五万对娇娇家而言可不是个小数目，相当于娇娇打工好几年的收入。娇娇爸毫不犹豫就答应了。等男方家里一走，娇娇就坐在一旁，看着她爸开始合计以后的家庭生活，说他准备把彩礼钱大部分都存起来，给她弟弟以后娶媳妇用，剩下的先拿出一点出来购置一些新电器……

然而，娇娇不在其中。

她像个傻瓜一样愣愣地站在原地，难道嫁女儿之前，不应该问一问喜不喜欢对方，那人人品怎么样吗？

领了结婚证之后，她看着配偶一栏上的名字，叫大忠，明明应该是很熟悉的人，为什么她觉得那么陌生呢？

他们之间没有说过几句话，结婚之后，也是各自忙各自的，挣的钱也从来自己花自己的。

有一天，她怀孕了，毫无疑问，生下来。

那一刻起，她决定好好养肚子里的孩子，做农活的时间自然要减少。然而，这却引来大忠父母的不满，按他们的意思，不就怀个孕么，至于这么娇气？她心里觉得委屈，便跑回了娘家。

可笑的是，她心中无比期许的妈妈的安慰，却终是一顿劈头盖脸的责骂：“一个农村女人，哪来的矫情？谁怀着孕不是该干活干活。才嫁过去没多久，多做事少说话得了，不要惹婆婆生气，不然以后没有好果子吃。”

自此，娇娇心灰意冷，只得老老实实回去做活。

大概是妊娠反应太明显，怀孕之后，她吃什么吐什么，婆婆就数落她，身子骨不好，以后可怎么带孩子。大忠又是个“妈宝男”，也跟着一起数落。

一开始，娇娇觉得委屈就哭鼻子。后来哭着哭着，也渐渐心生麻木，她开始幻想着，以后有了宝宝，宝宝跟她相依为命，她疼着宝宝，宝宝也疼爱着她，这样就够了。

一次在地里摘棉花，一同摘棉花的人就跟她开起了玩笑，问她：“你跟大忠结婚不久，幸福不幸福？”

尽管过的不太开心，可她也知道家丑不可外扬。她腼腆地笑了笑，说：“还可以啊。”

她们又问：“怀孩子这么辛苦，大忠家怎么舍得你出来干活啊？”

娇娇摸了摸还没有显形的肚子，心觉微微苦涩，却还是笑着：“他们想让我锻炼身体嘛，要不然在家里闲着，我也闷得慌，宝宝也不健康……”

说这些话的时候，娇娇脑海里浮现的是婆婆和妈妈的脸，她们的话，她险些哭出来，只得一边摘棉花，一边呵呵地似笑非笑着。

娇娇以为，偶尔的摩擦是正常的，日子久了，总可以慢慢好起来。而且，即使怀着宝宝，她也想表现得勤快些，可是，那一天，她终于绝望了。

农忙季节，由于过度劳累，人们总喜欢去路边吃些烧烤，再来上几瓶啤酒，这是男人之间放松的方式。一天晚上，大忠喝醉回家，对娇娇大打出手，娇娇歇斯底里地喊着，但大忠下手毫不心软。

娇娇怕极了，只好大声喊婆婆。叫喊了很久，谁都没有来。

或许是醉酒之后吐真言，大忠一边打她一边说："我家给你五万的彩礼钱，不是让你来当公主的，以后给我多做点活儿……"

那句话就像刀子一样，狠狠地戳进了娇娇的心脏。

她深深地意识到，从这场婚姻的开始，这个男人便对她充满了怨念。

第二天，她鼻青脸肿地起了床，大忠看到她被打的样子，丝毫不觉得有什么过错，继续穿衣服出门干活，她心里愈发地冷了起来。

这一次她没有很快就起床，在床上，她将所有的事情都细细想了一个遍。然后穿衣服，刷牙洗漱。婆婆站在门口，对她扳着一张脸："昨天挨了打，今天还不知道长点心，不早点起床，是想以后再挨打么？"

娇娇原本就失落的心，因婆婆这番话再次冰封。本以为老人昨天没有出面相救，是因为睡得早没听见，可娇娇现在明白了，她明明是听见了，不过也想趁此给她一个狠狠的教训。

尽管娇娇书读得少，可她也知道，道不同，不相为谋。她没有跟婆婆说一句话，像平时一样去摘棉花那样出了门。只是这次，她没有去棉花地，而是去超市买了条纱巾，将脸遮起来，然后坐上了去城里的车。

坐在车上，她望着身边的车水马龙，觉得心口有什么东西快要跳出来，似乎挡也挡不住。

在市里的那几天，她看见什么想吃的就买来吃，还给自己买了一套好看的衣服；手机关机，然后订了一家宾馆，天黑了就睡觉，什么都不想。第二天，照旧如此，第三天也是依然。

连续过了几天，她脸上的伤养得外人几乎看不出，她才去了医院，告诉医院的医生她怀孕了，要打胎。医生问，孩子的爸爸在哪里，需要签字才可以打。

从来没有骗过人的娇娇，在这一刻十分果断地骗了人，她冷冷地说："宝宝的爸爸是个孤儿，这两天才去世。"

虽然大忠没有死，可是在她心里跟死了没有什么两样。至于孩子，原本因为父母对自己疏于关爱，娇娇一直想，要给自己的宝宝最美好的爱。然而，她目前的处境，能给这宝贝什么呢?

或许是看她样子实在太老实、太可怜了，医生并没有起疑，在被同情的状态下，她打掉了孩子。

再回到宾馆的时候，她坐在床上发呆，想着过去的生活。

以前，她一直以为，结婚之后就会拥有第二个家，就算家里的爸爸妈妈不怎么疼爱她，会有丈夫疼爱她。可现在想一想，当初这种想法真可笑。

“没有爱，怎么疼爱？”娇娇在心里默念道。

打胎之后，身体得好好调养。她知道，现在的状况不能回家，只好再次跟家里人撒了谎，说去外面打工，过段时间就回来。

信息发完之后，她立马关机了，她知道大忠家肯定四处在找她，她不想被他们找到，所以干脆在市里找了一个轻松的活儿，只要管住管吃，随便给点钱就可以。

虽然初来乍到，没什么朋友，没有人跟她说话，可她却觉得无比轻松。她偶尔会想到坐车来市里那天，那要从心口里跳出来的东西，到底是什么呢?

自由。

那个之前被别人规划好的世界，这一刻，她终于甩掉了。

一个月后，她养好了身体，再次回到家中。

她前脚回家，后脚大忠就赶了过来，抓住她就要动手，她抬起头，大声地吼着：“你没有资格打我，我要跟你离婚。”

大忠当即冷笑起来：“我看你是外面跑野了，嫁给我了还想离婚？”

“对，你就当我是跑野了，我还可以野给你看看。”娇娇推开大忠，把包包里的医院病例打开给他看，“你看清楚，我把孩子打掉了，现在唯一跟你有关的，就是一个结婚证。但是你不要得意，我会马上跟你离婚，如果你不同意，法律能帮我。”

大忠拿着病例翻来覆去地看，过了好半天才反应过来，这孩子是真的打掉了。他气呼呼地朝她吼：“真是给你脸了，你把孩子都给打了，有你这样当妈的么？”

大忠越说越气，再次扬起手。

娇娇赶紧往后退了好几步，她知道，这个时候，她要的不是逞强，而是保护好自己。她跑到里屋，将门半掩着，跟他说：“你今天要是敢动我，我就去告你家庭暴力，加上一个月前那场，一起告。”

“你……”大忠瞠目结舌，他全然不信，一直在他面前慈眉善目的娇娇竟变得如此硬气。

娇娇继续说："我去市里的时候，就做了伤残鉴定，你要是再敢打我，我就让你吃官司，不信你试试看。"

大忠犹豫再三，还是放下了手。

她心里冷笑，这个男人之前敢打她，不过也是看了她软弱好欺负。这时候，她反而镇定了很多。

娇娇从门口走了出来，两眼直视着大忠："不管你想不想离，我都要跟你离，这个没得商量。"

说完话，她再也不看大忠一眼，使出浑身劲儿把他往外推。大忠根本没有料到娇娇会来这一手，被她猛地一推，就退到了门口，娇娇毫不留情地关上了门。

在门关上的那一刹那，她觉得，心中挤压多时的情感，一下得到了释放，好像活了这么久，只有这一刻，她才是她自己的。

"她被丈夫赶出了家门……"

"不守妇道。"

村里一片骂声，把娇娇压得快要喘不过气来。

这之中有她的妈妈、亲朋好友，当然最多的，便是那些八竿子打不着的人。

她想不通，为什么她就是想要离个婚，就引来这么多人围观。她就只是一个普普通通的女人，想过普普通通的生活，怎么到了这个时候，就那么难呢？

虽然内心苦闷，但这婚是离定了，她心意坚决。起初大忠说什么都不同意，按着他家的意思，当初娇娇嫁到他们家里来，收了五万的彩礼钱。想要离婚，就得把这五万块钱还回去。可是这些，早就被娇娇家里人收下，她也没有见到一分钱。

娇娇咬咬牙，将当初攒的养老钱拿出来，还了两万块钱。还剩下三万块，她打了一张借条，按了手印，交给了大忠。

大忠接过借条，仔仔细细读了好几遍，确定没有问题之后，才收了起来，跟她一起去办了离婚手续。

当娇娇拿到离婚证，大忠在一旁讽刺，说：“你就等着吧，像你这样打过胎，离过婚的女人，以后谁还会要你。我也是当初眼瞎，才会找了你这样的女人。本来我看你可怜，还不想跟你离的，你死犟，非要离。我看你往后可怎么办。”

娇娇把离婚证揣进包包里，语气异常冷漠：“那是我自己的事，跟你没关系。”

回顾曾经种种，如梦如戏，结婚很快，离婚也很快。娇娇好像还是自己，又好像早已不是自己了。

回到家，爸爸就没有好脸色，吃晚饭的时候，拿筷子戳着她的头：“我们家的脸面，都被你丢光了，你知道不知道？”

娇娇不说话，默默地继续吃饭。

她爸爸气了，大声吼她："你还有脸吃饭，不许吃！"

说着话，一把抢过她手里的碗，重重地摔在桌子上。

娇娇抬起头，语气很轻，却掷地有声："爸，我到底做错了什么，我就是不想再将就了，有错吗？"

爸爸更生气："你说不愿意将就，那你以前是怎么过来的，我们生你养你这么多年，现在你是长大了，翅膀硬了，说飞就飞，你让我们以后在村子里还怎么待？"

娇娇沉默了很久，最后慢慢地问："那你想我怎么做？"

"去复婚。"她爸从烟盒里抽出一根烟，用打火机点燃，狠狠吸了一口，又说，"我们不能这么没有脸。"

娇娇没说话，站了起来，回了里屋。

这一晚，她再次失眠了。自从她离婚之后，她就成了村里人口中的怪物。听完她爸的一番话之后，她就明白了一件事：这里，她不能待下去了。

她连夜穿好了衣服，带着仅有的一点钱，离开了。

离开之前，她只留了一张字条：我知道这里容不下我，爸妈，我先离开一阵子，等我过得好些之后，我再回来看你们。

第二晚，她在车站啃着冷馒头，抬头看着天上的月亮，那一刻，她猛然发现，哦，原来月亮这么大，这么好看，以前的她哪顾得上看这么美的景色呢。

她就这么仰着头一直看着月亮，直到踏上回城的车。

车慢慢朝着前方开，她听见车里的人指着她的身子说：

“看，就是她，啧啧……”

“啊，她老公没扣下她么……”

她缓缓闭上眼睛，惬意地随班车走出小村庄。上了柏油路，车的速度就快了起来。她嘴角微微扬起，再过两个小时，就到了。

就到了。

3.3 喂，你在害怕什么

我是一个长相平凡的女孩子，单眼皮，小眼睛，塌鼻子。小时候，家庭条件不好，还有点营养不良，又瘦又小，头发枯燥得跟一把稻草似的……

对，我这么说，你可能永远没办法跟现在我在网络中的照片相提并论。

有很多人都在说，玲子，你可以靠颜值吃饭啦，喜欢你的书，更喜欢你的长相。每次我就会亲切地跟他们说，其实我长得真的不好看。

读者们不信，非要让我发一张生活照，无奈之下，我只好打开手机自拍模式，摆个自认为还看得过去的 Pose，然后发个自拍过去。

她们说：玲子，你这个照片好漂亮，邻家姐姐，比书里的显得更亲近了……

说到这里的时候，你们或许也能感受到，我是一个特别没有自信的人，这种不自信从我有记忆起一直伴随到现在，上学的时候成绩不拔尖，工作的时候默默无闻，名字又那么平凡，领导记不住我的名字，经常小李来、小李去，直到我辞职的那一天，单位很多同事都还没记住我真正的名字。专职写作之后，勤勤恳恳地写字，想在快餐文化中有一小块自己的位置，不求靠写作能大富大贵，只求能让我养活好自己，写自己喜欢的文字就可以。

可是写了这么多年，图书市场日渐不景气，出版社能开出来的稿费也是一次比一次少，我仍然还在坚持着，不知道什么时候会停下来，也不知道我写了那么多，除了我知道的为数不多的读者，还会不会有人看我写的文字。

除了平庸跟不自信，我还特别的胆小。

小时候的我不敢走夜路，如果非得一个人走夜路，手电筒永远是往身后照，总会觉得身后会有一个看不见的坏人在紧紧跟着我，直到现在，我依然留着这个习惯。因为这一点，还经常被朋友笑话，说：“玲子，你多大的人了，为什么这么胆小？”

我内心有一万个声音想要辩白：我也不想这样，可是能有什么办法？

当年的我很胆小，现在的我依旧胆小着。那种曾经认为长大了之后，人就会变得胆大起来的想法，现在看来，本末倒置。

除了不敢走夜路，我还特别害怕唱歌，因为爱跑调。

小时候的我还不像现在这样有所顾忌，想唱就唱，后来一开口，好多朋友都笑了，那种笑声并不是嘲笑，而是觉得我这腔调颇有喜感。于是他们笑他们的，我继续唱我的，在那时候看来，能让他们高兴，证明我还是有些本事的。

而长大了一些之后，就渐渐有羞耻心，觉得那些笑声听起来愈发刺耳，于是我不再唱歌。有朋友就好奇地问我：“嘿，你怎么不唱歌了，我们都想听你唱呢。”

“不唱就是不唱，还要什么原因？”我说。

“你来一首么，我们觉得你唱歌很好玩的。”

“好玩？你们拿着我的缺点当成娱乐，是朋友还是损友？”一向安静乖巧的我，忽然在这个时候像一只刺猬竖起了全身的刺，有些嚣张跋扈，也有一些脆弱。

向来无话不聊的朋友，在我说完那番话之后，都愣住了，也许他们当时没有料到我会忽然较起真来。

很简单，一个天下皆知的弱点，你极力地想要去隐藏，可是好像全世界都与你做对。

其实说完那些话之后，我心里也很难受，可是我性子偏偏又是很倔，扭头转身就走了。

回了家之后，我趴在床上大哭了起来，有一种天下人都负我的感觉。

为什么别人有一双漂亮的大眼睛，可是我的眼睛那么小，还是个单眼皮？

为什么别人唱歌那么好听，我却没有一句词在调上？

为什么同样的发卡，别人戴在头上就是公主，而我戴上就是画蛇添足？

为什么别人笑起来的时候有酒窝，而我笑起来的时候却什么都没有？

那些美好的东西，似乎都与我绝缘了，有的时候我甚至会神经兮兮地抬起头看着天空发呆，自言自语地发问："为什么别人都是上帝的宠儿，我却是被遗弃的那一个？"

不知道你们有没有这种感受，越是不开心的时候，就越是会发生不好的事情。你会放大所有人看你的眼光、对你说的话，认为他们都是别有意味、不怀好意。

所以从那个时候，我就开始习惯独来独往，喜欢看古诗词，看诗词我也是很挑的，从来不看豪放词，最喜欢看婉约词，越寂寞越悲伤的才好，那种死去活来的更好。读那些词，好像正顺了我当时的心境。

也许我现在对古典文学的熟知程度，就是从那个时候开始积累的吧，不知道这是不是能够算得上因祸得福。

那些年啊，最喜欢听张含韵的《一个人长大》。

那歌词里写：

> 看天边一朵白云，就像另一个自己，在天空的梦幻里，想到那不知名的远方去。我常常自言自语，看风起，数雨滴，心事写进日记，人们不一定会相信。我莫名其妙的忧郁和哭泣……

假如你认识那个时候的我，就一定不会相信，现在的这个我。照我同学的话来说，就像身体里面住了另外一个人一样。

听完他们的话，我就笑了，问他们：“你们喜欢哪个我。”

被我这么一问，他们很是认真地想了一番：“还是喜欢那个时候的你吧，虽然有点中二，不过更平易近人一些。现在的你不大喜欢聊天了。”

是啊，我不怎么喜欢聊天了。大概人越长大，便越是懂得言多必失。

这些年来，我不停地认识新朋友，也不断地失去老朋友。新朋友有说不完的话题，再渐渐变得无话可说，然后新朋友变成了老朋友，而老朋友早就不知道在什么地方了。当有一天蓦然回首，想要再回到老朋友身边，却发现，他们的世界早已经不是我能插足的了。

于是这些年，我不停地自我反省，得出的结果是，因为我太过害怕失去，也太害怕得到。所以一直不敢将真心交付于对方，一旦交出真心之后，又喜欢对方能够给我一样的回应。所以我不断地失望、不断地沮丧，到了最后，身边大浪淘沙下来的朋友几根手指头就数得过来。

有时候我也会想不通，为什么要活得那么认真呢？简单一些、糊涂一些，难道不好么？

有一天我不想写稿子，也不想看书，就坐在摇椅上回想过往，发现现在过得最幸福的人，往往是那些在我看来很傻的人，这个“傻”字，并没有任何的贬低对方的意思，只是在说她们对生活的一种态度。

其中最典型的一个朋友叫 cdm。如果你以前读过我的书，或许对这个人应该有些印象，我曾经专门拿她写过一篇文章，你应该记得她是那种反应迟钝，可以算作很笨的女孩子，她曾经的数学成绩笨到被老师点名批评，说就是教一头猪都比她强。这种话要是放在我身上，我肯定得跳起来跟老师吵架！可是 cdm 当时就只是趴在桌子上狠狠哭了一场，我坐在她对面，不知道该怎么劝。

就在我纠结万分的时候，她忽然捉住我的手，眼眶闪烁着点点泪花，她说：“玲子，我要发奋啊，不能让老师瞧不起。”

我有些替她打抱不平，忍不住跟她说：“你就一点都不难受么，其实我们可以跟校领导反应，他这样骂你，应该让他当着全班同学的面跟你道歉。”

她摇了摇头，尽管内心深受委屈，却说：“虽然他训了我，可是他的出发点也是为了我好。你看我们班里那么多学习成绩差的，可是老师偏偏就说了我一个。”

她看问题的角度，永远都是朝着好的方向发展。十几年过去，她也经历过艰难困苦，可是依旧笑容比泪水要多。她一直努力着生活，直到嫁人生子，成了别人的妻子，别人的妈妈。

再见到她，她依旧像当年那样挽着我的胳膊。

我看到了她的丈夫，是个十分平凡的男人，个子不高，长相一般，开一家网吧，有一套房子，她的孩子很健康，因为还很小，所以不会开口说话，她就指着我的脸，跟她的孩子一遍遍地重复：“宝宝，你看，她是我的好朋友，快叫她阿姨。”

我站在一旁一直笑啊笑，除了笑，我不知道该说什么，当初她说，彼此爱慕的人厮守一生。说她会找一个学习好的人当丈夫，因为她学习不好，要是再找一个学习不好的人，将来生的小孩就没有人教了，那些话都还在耳边回荡着，可如今，她却找了一个与这壮志不相及的人。

快回武汉的时候，我终于忍不住问出了心里话：“亲爱的，你就不怕日后会后悔么？”

她有些不解：“后悔什么？”

“怕他太过平庸，又对你不好。”

她歪着头冲着我笑了笑：“但是他现在对我很好啊，只要眼下过的好，以后的事情，谁又知道。”

“可是……人无远虑必有近忧啊。”我说。

“话是这么说，可是如果瞻前顾后，也许我一件事都做不了。”

我有些不甘心，追问她：“那你之前的理想呢，难道都不重要了？”

她微微一愣，旋即又笑开来：“玲子，其实，理想跟生活能够共存。”

我又问：“像你这样，带着孩子，还要照顾你的丈夫，还有理想么？”

提到她的丈夫，她一脸温柔，连目光都变得深情起来，她说：“玲子，他爱我，至少比你想象中的要爱我。也许生活最终都要归于平淡，我也曾做着白马王子的梦，可是年纪越大，就越觉得其实白马什么的真的不重要，重要的是只要他是我的王子就行。”

“那他是么？”我问。

她点点头：“自然是的。”

“只要你开心就好。”看她一脸的诚恳，我忽然觉得，纠结过去的一些东西，似乎有些不切实际。就像她说的，只要过好眼下，至于以后的事情谁又能说得清楚呢?

我朝她挥了挥手，踏上了回程的路。在车即将要开动的时候，她忽然又跑上来，紧紧抓住我的手，热诚地说：“玲子，你不要怕。”

“害怕什么？”我一脸愕然。

她看着我的眼睛：“我们认识那么多年，虽然你去过的地方比我多，见过的世面比我广，可是你还是像以前一样胆小啊。你一直都在揪着过去，不就是说明你不敢面对已经发生的，或者是即将发生的么？”

天呐，这些问题我没有想过，可是细细一想，她的话确有几分道理，我正想说什么，就听见她又说：“往后日子还长得很呢，你害怕一天也就罢了，但是要害怕一辈子么？”

于是，回程中，我陷入了深深的思考。仔仔细细地想了想我的过往。那一刻，我仿佛又看见了那个觉得自己不好看，无论做什么都不够好的我。那个约莫有六七岁的样子，扎着两个羊角辫，头发枯黄如稻草，她看人的眼神总是怯怯的我，她笑起来的时候也非常羞涩，她胆子很小，不敢走夜路，后来她逐渐长大了一些，这些毛病依旧没有改掉，却变得不爱交朋友，总觉得有些人不怀好意。再后来呢，她一个人闯荡江湖，像一个独行侠，时而寂寞，时而孤独……

喂！你在害怕什么？

心里有一个声音忽然朝我发出了呐喊。

那是六七岁的我的声音，她在朝我控诉："明明你不丑，可是因为你不敢抬头，所以要我整天低头不敢见人。明明你有优点，可是你却偏偏要把它们都藏起来，你作死地去拿自己的缺点跟别人的优点做对比。你默默无闻过了二十多年，现在你的朋友出来点拨你，你却还在想着过去那个你……"

"我……我没有。"我在心底对着那个小时候的我解释。

"在你心里，别人永远比你好，你自己也永远都不如别人，是不是？"

我惊慌起来："不是，并不是这样的。"

"那好，我们开诚布公地来谈一谈，为什么这么多年来，你一直想着那个渺小的自己，而不愿意放眼看看现在的你呢？"

我低着头沉默了半晌，很久之后才终于对着那个自己承认："虽然你很渺小，可我更害怕未知的恐惧……"

车子忽然来了一个急刹车，我的头撞在了前排座位上，这惊醒了我，我这才意识到，刚刚我与小时候的我在梦里来了一番对话。

也许你们很多人都跟我一样，对过去存在担忧，对未来充满恐惧，觉得所有你能看见的东西，都是比你强大的，但是那些人或者物真的就比你强大么?

我在心里自我审视了一番，发现我所惧怕的，并非真的比我技高一筹，就像我梦境里所说的那样，我总是拿自己短处去跟别人的长处比。

不知道是不是巧合，我在心里想着这些乱七八糟的事儿时，手机里放的正好是张含韵的那首《一个人长大》，我心想，现在我的情绪已经够糟糕的了，怎么能再让一些这种伤感的歌曲扰乱我的心神。

我掏出手机，正准备切换歌曲，忽然听见她那甜美的声音正在唱着：

我一人长大 / 你会懂我吗 / 沉默的内心微小的变化 / 这天地多辽阔 / 看不见小的我 / 从手心开出美丽的花 / 我一个人长大 / 我们都一样吧 / 努力让这世界感到惊讶

我愣住了，这首歌我听了那么多年，竟然一直不知道这首歌后面的歌词是这样的，我一直认为它很伤感，可是结局却是个彩蛋。

一路上，窗外风景转瞬而过，我就那么一直听着这首歌到了武汉。

我在想，就算我们在自己的世界里是一个人长大，可是如果我们有心去改变，给自己一点点勇气跟力量，也许真的能从这个沉默的世界里，开出一朵美丽的花来。

抵达目的地之时，窗外一片艳阳天，我站在车站外，朝着阳光伸出双臂，像鸟儿拥抱着天空。

这一刻，我感到无比的自由与轻松。

这时候，你也许无比想念亲爱的自己，那么拿起你心中的话筒，跟她说一声，亲爱的，我爱你。

趁现在，来得及。

第4章
重生纪

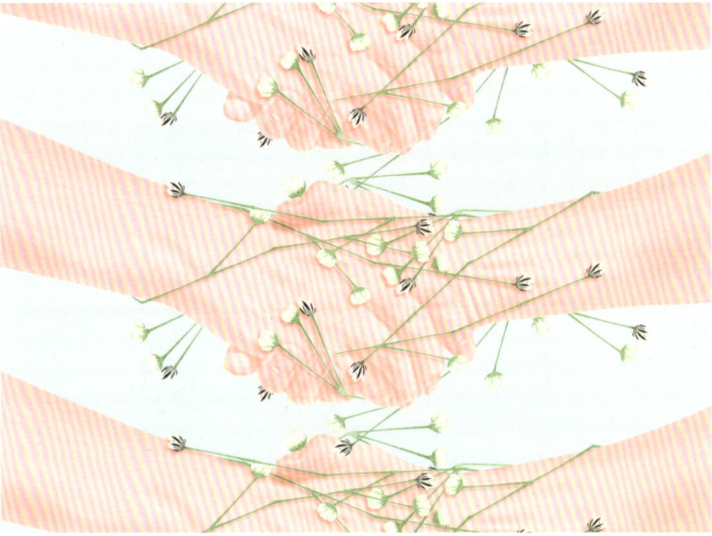

4.1 要知道，这可是最幸福的时光啊

慧慧今年 25 岁，个子小巧，圆脸，长发，如果头发不打理，就活脱脱像个披头散发的女鬼，可要是收拾利索了，那乌黑顺直的头发垂在腰际，配着她那仙气十足的刺绣连衣裙，真是别有一番韵味。

她这一生只对两件事情感兴趣：一件是吃，另外一件是老吉。

对于吃，她总是有说不完的话题，哪家的餐厅拿了省里什么什么美食奖，哪家的烧烤最有味儿，哪家的清补凉做的最地道……只要跟吃有关的话题，就算她当时再没有精神，也能立马两眼放光，像极了小孩子。

老吉知道她好吃，在恋爱纪念日的时候，专门开车带她去另外一个城市吃海滨烧烤。这把慧慧高兴坏了，她一清早起床化妆打扮，穿得漂漂亮亮地跟着老吉出门。老吉计划得很好，

从他们城市开车去另外一个城市，总共需要两个小时，玩儿累了正好吃午饭。只是计划赶不上变化，就在快要到那个城市的时候，路上堵车了。这一堵起来，硬是把饭点给堵过去了。

慧慧坐在车子里，从开始有点不高兴，之后就十分不高兴，然后是非常不高兴，最后彻底爆发了，喋喋不休地抱怨："干嘛带我来这么堵的地方吃饭，我要饿死了……"

老吉心里有苦说不出，坐在驾驶位上也是干着急，此刻的他恨不得把车子安上对翅膀，从前面那些车子头顶上飞过去。他偷偷看了一眼慧慧气炸的脸，小心翼翼地喊她："慧慧……"

慧慧气鼓鼓地瞪了一眼他，压根不想理他。

老吉天不怕地不怕，就怕慧慧不理他。他急着道歉："是我不好啊，晚上给你买好吃的。"

慧慧更气："那你的意思是中午我们不吃了？"

老吉有口说不清，正想解释，前面的路忽然畅通了，他赶紧开车，一路上忐忑不已，生怕哪一点做得不好，再惹慧慧生气。

老吉一路疾驰奔向海滨烧烤的顶楼，结果服务员告知用餐时间结束。老吉暗叫不好，满头大汗，连忙去看慧慧的脸色。果然，她那圆润的小脸此刻乌云密布，他讨好地去拉她的手："慧慧……"

“从现在开始，不许再跟我说话。”她踩着高跟凉鞋，蹬蹬蹬地径直离开了。

老吉那个急啊，赶紧追上去，从进电梯以后，一直跟慧慧道歉：“亲爱的，你不要生我的气，是我不好……”

电梯里那么多人都在看他，他全当空气，拉着慧慧的手摇啊摇：“我真的知道错了，下回肯定不这样了。”

“哼！”

好声好气地说了好几遍道歉，就换来慧慧一声傲娇的冷哼，老吉也不敢抱怨，低着头一直走在她身后，好像犯了十恶不赦的罪似的。

身后有人看不过了，劝慧慧说：“不就一顿饭嘛，小姑娘，不要这么欺负你男朋友啦。”

慧慧还没说话，老吉赶紧转过头跟身后的人说：“我女朋友说我说的对，说的对。”

说话间，慧慧早已经走出去好远，老吉赶紧上前去追。到了车子跟前，老吉狗腿地给她开车门，一直对着她咧嘴直笑：“亲爱的，我带你去吃另外一家好不好？”

慧慧看了他一眼，没吭声。

这是默认的意思，老吉心里美滋滋，连忙脚踩油门带她去了另外一个地方，那儿的清补凉是这个地方最出名的。

下了车，老吉二话不说，赶紧点甜点，为表歉意，又点了很多烤肉，满脸堆笑："亲爱的，吃烤肉。"

"哼。"她又傲娇地哼了一声，拿着烤肉吃了起来。

老吉松了一口气，能吃就好，说明她不气了。

甜点一上，慧慧先是小口抿了抿，而后开始狼吞虎咽，老吉在一旁给她擦嘴："亲爱的，你慢点吃啊，还有呢，后面我还点了好多。"

慧慧才不管他说什么，先吃饱再说。先把烧烤吃得差不多了，再来点甜点开开胃，接着吃烧鸡，吃完烧鸡又开始吃鸽子……。吃饱之后，才摸了摸圆滚滚的肚子，朝他笑了笑。

老吉见她笑，也傻傻地笑了笑，凑近她，靠在她肩膀上："亲爱的，不生气了吧？"

慧慧摆摆手："不气啦，其实刚刚也不是我在生气，是我肚子在生气呐！"

老吉心满意足地搂着慧慧的腰："老婆，你真好，这么容易就满足了。"

慧慧娇嗔："谁是你老婆啊，我们还没结婚呢。"

老吉跟她装傻："阿姨跟叔叔我都见过了，你不是我老婆，我干嘛去见他们？"

慧慧拧眉，有些不乐意："可是我们还没有结婚啊！"

老吉眨了眨眼睛，开启卖萌模式：“对啊，亲爱的，我们还没有结婚呢，你什么时候跟我结婚？”

“呃……”慧慧没想到自己给自己挖了个坑，她左顾右盼，就是不回答他。

老吉又往她跟前凑了凑：“亲爱的，你不结婚也行，咱能不能先把结婚证给领了……”

“啊，我吃饱了就想睡，好困呀。”慧慧装着很瞌睡的样子，打起了哈欠。

老吉连忙说：“那亲爱的去车里睡，我开车带你回去，好不好？”

慧慧点点头，吃饱喝足地钻进了车子里，原本瞌睡只是说说而已，哪知上了车，空调吹的十分惬意，她的瞌睡劲儿还真上来了，头一歪，就那么睡着了。

老吉慢慢地把车子靠了边，轻手轻脚的从后面拿个毯子，轻轻盖在她身上，又看了好一会儿她的脸，像是怎么看都看不够似的。

等回了家，老吉又轻轻把她抱起来，她似乎察觉到有人碰她，睁开眼睛看了看，见是老吉，双手张开，要让他抱。你侬我侬的样子，真是羡煞了旁人。

对于这样光明正大地秀恩爱，他们有好些朋友表示不太理解。

有人说："男女朋友谈恋爱，大庭广众之下好歹要注意一下啊，搂搂抱抱成何体统。"

有人说："秀恩爱，死得快。"

还有人说："单身狗也是狗，能不能在你们享受幸福的时候，稍微注意那么一下下我们单身狗的感受？"

对于以上几种，老吉通通骄傲地回应："不，你们要知道，这可是我们最幸福的时光啊，我心里有她，她心里有我，还有什么时候能比这更快乐？如果我们现在想拥抱的时候不拥抱，想牵手的时候不牵手，那什么时候才去拥抱，去牵手？"

这话问得几个朋友都哑口无言，从最初的不习惯，慢慢地都变成了习惯，再后来，要是他俩哪一天不腻歪在一起，那些朋友倒觉得不正常了。

要是有新朋友，见老吉跟慧慧在一起不管干什么都喜欢牵着手，正想发出感慨，那些老朋友就会说："这事儿吧，你们习惯就好了，人家谈恋爱的时候不高调，还要什么时候才高调？"

恋爱高调这件事儿，不止老吉跟他的朋友们知道，他们的爸爸妈妈也知道。或许是见过他们的人都知道，可是谁在乎呢，今朝有酒今朝醉，谁管明日喝凉水。

老吉宠慧慧，宠的她都要上天了。按他的话说，就是要把慧慧宠上天，宠的让全天下的男人都接受不了她，就只有他能受得了。因为这样，她就只能跟他在一起了。

虽然慧慧享受着被老吉宠爱，可是她也知道分寸，她烧得一手好菜，经常在朋友圈晒图，然后老吉第一时间去点赞，发了好几个哭的符号，表示想吃。慧慧在他的留言下面发害羞的表情，说这个饭就是给他吃的，让他快点回家吃饭。

于是朋友圈下面又是一片唏嘘声，纷纷留言声称虐狗战场开始发生转移，在现实中虐还不够，还要到微信圈里来虐……

除了喜欢晒厨艺，慧慧还喜欢四处旅游。因为是自由撰稿人，她的工作没有地域限制。出门旅游前，老吉开车送她到机场，依依不舍地抱着她，可怜兮兮地问："你什么时候回来啊？"

慧慧很老实地说："我什么时候玩儿够了，什么时候就回来。"

这时候老吉满脸委屈地看着她："那你就不想我么？"

"想啊。"慧慧点点头。

"想我的时候就回来啊。"老吉赶紧说。

慧慧拍拍老吉的肩膀："我会早点回来的，我不在家的时候，你要乖哦，要把房子收拾干净，要养好我的花……"

老吉使劲儿地点着头，听着恋人交代的话，眼睛都红了，眼看着慧慧就要进站，他又再三交代："亲爱的，给你的卡有额度，你想买什么买什么，想吃什么吃什么，千万别亏待自己……”

慧慧嗯了一声，朝机场里走。

老吉依依不舍，站在外面又看了好久，这才转身回家。

慧慧旅游的时候，看尽山水好风光。每日在朋友圈晒晒她所拍摄的满意的照片，老吉依旧是第一个点赞，长此以往，老吉有了一个新的外号——点赞达人。

慧慧忙着在外旅游，这下没有时间跟他在微信圈里互动，老吉内心很孤单，可是他不说，就每天在微信圈发信息，今天说他给花浇了水，晚上的时候又说他在家里大扫除，还把整理干净的房间晒在了朋友圈。

慧慧跑去点赞，发了一串偷笑的表情。

老吉这回也骄傲了，不给她回复。继续高调地晒他的朋友圈，有一天他发了几张图，图上还配着文字。第一张图是：媳妇儿，我的袜子在哪儿啊？第二张图是：媳妇儿，我的鞋在哪儿啊？第三张图是：媳妇儿，我的媳妇儿去哪儿了啊？

这些图发完，老吉再也按捺不住心里的思念，在微信上问慧慧：亲爱的，你什么时候回来啊？

信息发出去好久，老吉在这头一直等，迟迟等不到慧慧的

信息，又问：亲爱的，你在创作么?

依旧没有回信。

半个小时之后，他终于熬不住了：亲爱的，实在太晚了，明天我还要早起上班，不能陪你一起熬夜了，你写完稿子一定要早点睡啊，老熬夜对皮肤不好，可就不美了哦……不过就算不美了，你依然是我亲爱的，亲爱的，晚安。

他发完信息，抱着电话就那么睡着了。

第二天正在上班，老吉忽然接到慧慧的电话，慧慧特别神秘地说："亲爱的，你到机场来接我吧。"

老吉激动的差点没握紧电话，笑得嘴都合不拢了："亲爱的，你回来了呀。"

慧慧嘿嘿笑了两声，挂了电话。

老吉盼啊盼，好不容易盼到了下班，脚底抹油一样哧溜一下就离开了单位，看着他火烧火燎的背影，他们单位的同事都不约而同地会心一笑，可算是把他媳妇儿给盼回来了，一米八的大小伙儿，成天跟个怨妇一样，那幽怨的眼神，真是谁看了都受不了。

去机场的路上，老吉半道去买了鲜花，在机场要给慧慧惊喜。

慧慧捧着鲜花，很开心地抱住了老吉："亲爱的，我也有惊喜要送给你喔。”

老吉不急着看惊喜，急着让慧慧先上车休息，给她打开车门，自己也钻了进去，两眼盯着慧慧看，就是不说话。

慧慧从包包里拿出一个盒子，打开给他看：“天梭的机械表，喜欢吗？”

老吉一把抱住慧慧：“亲爱的，这个表得五千多呢。”

慧慧摸摸他的头：“不要怕，我刷你的卡。”

老吉一脸满足：“我看到短信账单了，以为你给自己买包包了，谁知道你给我买的，亲爱的，你怎么这么好啊。”

慧慧被他逗乐了：“刷你的卡，给你买东西，还高兴成这样。”

老吉把头放在她肩膀上蹭了又蹭，跟她撒娇：“高兴，就是高兴，只要是亲爱的给我买的，我就好高兴。”

这么矫情肉麻的话，放在其他人身上，早就酥得掉一层皮了，可是慧慧却笑得像个孩子，接着说：“还有更高兴的事情你要不要听？”

老吉嗯嗯两声：“要听。”

“你什么时候娶我回家啊？”慧慧笑眯眯地捏了捏他的脸。

老吉又惊又喜：“你是说……答应做我老婆了。”

慧慧那双亮晶晶的眼睛盯着他看，并不回答他是不是。

老吉愣住了好几秒，才消化掉这个事实，抱住慧慧亲了又亲，语气里满满都是满足：“亲爱的，我能娶到你，是我这辈子最大的幸福。”

慧慧没说话，而是紧紧抱住了她。

如果一个男人，开口闭口都是亲爱的，那他一定不是嘴上说说。

如果一个男人，他喜欢你高兴的样子，也不讨厌你生气的样子，高兴的时候让你更高兴，生气的时候想办法让你高兴，那他一定是喜欢你的。

如果一个男人，会在你不在的日子里对你朝思暮想，又不想去打扰你的好时光，那他一定是爱你的。

然而这些事，老吉通通都做到了。慧慧不傻，只是藏在心里不说。在外旅游的日子，她见过宁静美好的古时风光，也见过语言不通的各国人士。在异国他乡，她愈发思念起那个口口声声喊她亲爱的人，于是当下做了决定，第二天回国，回到那个想念她的人身边。

这是她跟老吉最幸福的时光，她以后一分一秒也不愿意错过。

4.2　总有一天，我们都会成为自己心中最想成为的样子

豆子很胆小，不管做什么事情都犹犹豫豫，按她的话说，她就是一个站在别人身后听指挥的人。别人让她往哪里走，她就往哪里走。有人会问，你就不能有点主见？她会很认真地说："这种生活其实也挺好的，至少不用操心啊。"

由于安于现状，她总是默默无闻。从小学到大学，她不算出类拔萃的学生，可也算不上差生，每当别人问起豆子的时候，大家就会努力想个半天，再反问："你说的是那个成天到晚低头走路，闷不吭声那个人么？"

不是大家有意要忽略豆子，而是豆子确实是太不起眼。如果你走在校园里，看见一个身形单薄的女孩儿，她穿着松松垮垮的校服，扎一个马尾辫，走路的时候总喜欢在人群后面，头总是垂得很低，像是一个被霜打了的茄子，那这个人一定就是

豆子。

这个时候你如果走上前，拍她的肩膀，问她：“你被谁欺负了么，怎么这么没精神？”

她肯定像一只受了惊吓的小兔子，头低得更狠了：“没有……我没被人欺负……没有的。”

说完话了，她还会一直不停地念叨着这句话，继续勾着头往前走。

其实熟悉豆子的人都知道，她压根不会被人欺负，她个头很小，话也少，那些坏学生觉得欺负她都没什么挑战力。

豆子之所以一直低着头，是因为她觉得自己长的不好看。眼睛没有别人的大，皮肤没有别人的好，牙齿没有别人的整齐，发质没有别人的顺滑，眉毛没有别人的俊秀……

她觉得自己土里土气，都说人靠衣装，可是在学校上课，她也只能穿个校服。本来她个子就矮，再加上校服做的都是加大码，那校服穿在她身上，从远处看像活脱脱裹了一条麻袋在身上。

关于校服，还有二三事可以说道。当初学校发校服的时候，大家都兴高采烈地去领校服，她也是高兴队伍中的其中之一，可是回家之后在镜子面前试了一试，便垂头丧气地脱了下来，衣服大，裤子也大，裤腰上的松紧带根本就是用来装饰的，如果不系皮带，分分钟就掉下来了。豆子懊恼地拿着校服看了又看，最后充满怨念地去做作业了。

第二天她穿着跟麻袋一样的衣服去上学，周围的人都忍不住笑她穿的奇怪。回到班里之后，看见大家身上的校服那么合身，她心里又难受又委屈，凭什么花同样的钱，别人穿得这么漂亮，她就偏偏这么丑……

好不容易挨到了放学，回家之后她跟妈妈道出心里的委屈，心灵手巧的妈妈把她的校服改了改，第二天她再穿着校服去上课，笑声没有了，可那些笑声似乎在她心里扎下了根，怎么撵都撵不走了。

自那以后，豆子说话的声音就更小了。别人稍微大声一点跟她说话，她就会觉得别人对她有敌意，会慌慌张张地跟对方道歉，说对不起。

后来只要豆子跟其他人说话，其他人的嗓门就算再大，也得细声细语地跟她说话，生怕她以为自己又生气了。

豆子除了沉默寡言之外，优点也是可圈可点的。她唱歌很好听，念诗也非常有感情。一次学校组织的联谊赛上，她们班上报的唱歌类节目实在太少，被文艺委员硬塞上去唱了一首王菲的《水调歌头》，那轻轻吟唱的歌声，赢得了台下一片叫好。豆子从来没有被这么多人注意过，一不小心忘了该怎么唱，只好念了起来：我欲乘风归去，又恐琼楼玉宇，起舞弄清影，何似在人间。

才念完这几句，台下有人带头鼓了掌，接着大家都开始鼓掌。那一天，豆子红着脸唱完了这首歌。朝台下鞠躬的时候，她感觉天地好像倒过来了，那个曾经最不起眼的女孩儿，如今得到了这么多的掌声……

唱完歌之后，豆子依旧是那个豆子。说话的时候仍然细声细语，依旧觉得自己不好看，还是喜欢低头走路，但是嘴角多了一丝笑容。

有时候，趁着豆子不在教室，大家会偷偷议论她，说她最近变得好像有活力了，至少会笑了。

这些豆子压根不知道，她也没有注意到自己的变化，每天循规蹈矩地过日子——学习、吃饭、睡觉。

当班上的女生偷偷喜欢了隔壁班的男生，她在埋头刻苦学习。

当校草转学，女生在悲伤春秋，忙着给校草写留言时，她在看她喜欢的书籍。

当大家课下议论哪个明星长得漂亮，哪个明星演技好，哪个明星爱炒作、绯闻八卦多时，她喜欢上了古筝。

因为这个爱好，她原本就不喜欢说话的性子，变得话更加少了。同学们都不明白，为什么每天放学后她要匆匆忙忙赶回家，有时好奇心上来，就拉住她问个不停。她支支吾吾地说有事，别人问她什么事，她又不说话了。其实不是她不想说，而是怕说出来被人笑话，虽然她很喜欢古筝，可是练了那么久，却只能把古筝拨弄响，曲不成曲，调不成调。

豆子虽然脑子不笨，可是反应不快，能把一件东西学好，纯粹靠的是多加练习，时间多了，她才会慢慢出成绩。

所以这个时候，她索性什么也不说。好在别人也习惯了她少言少语，她不说，大家也就不再追问。

学古筝的那段时间，她比以前更加不合群了，这让父母急了起来，生怕她每天闷在房间里不利于身心健康，于是常常叫她出来活动活动。却在房间门口听见豆子拨弄古筝的声音，因为还不熟，拨片划在古筝弦上的声音非常刺耳，豆子爸正想进去阻止，脚才踏进去就被豆子妈拦住了，说：“她从小到大也没别的爱好，好不容易有个喜欢的东西，难道你要把它抹杀掉么？”

豆子爸挠挠头：“她这样是扰民啊？”

豆子妈说：“要不是我们趴门上听，你能听出来她在干什么？”

豆子爸又说：“那万一她玩物丧志……”

“丧什么丧，我就觉得她这样挺好。喜欢古筝比喜欢玩游戏强一百倍。”

于是，豆子爸妈都开始支持豆子的爱好，还给她找了教琴的老师。

说来也是缘分，这老师见豆子学古筝时十分专注，十分喜爱她。于是教琴时，总时不时去夸她。后来，她弹琴的技术渐渐好了许多，老师见她平时走路不喜欢抬头，跟她说：“古筝是中国最古老的乐器之一，有着十分优美的音色，你要想把它弹得更好，就必须学会自信。只有自信了，才能把古筝弹得更动听。”

为了把古筝弹好，豆子每天都在学着怎样找回自信。起床第一件事：先对着镜子里练习笑容。她知道，如果不知道跟别人怎么聊天，那就负责一直笑好了。所谓伸手不打笑脸人，只要她对着别人笑，别人应该也会对她友好的。

不得不说这一招十分管用，每天豆子在学校里逢人就笑，虽然话依然很少，可是总好过没有。有的时候，她会主动找人聊天，聊不下去的时候，她就一个劲儿地笑。

豆子一笑，眼睛弯的像月牙一样好看，她的牙齿也很白，虽然不是大美女，可是却有小家碧玉的可爱。渐渐地大家接受了她这种只爱笑、不爱说话的新改变。

由于豆子喜欢笑，渐渐也有人跟她做了朋友。她的朋友叫大花，是一个话特别多的女孩子。每次豆子不知道该聊什么的时候，大花就会叽叽喳喳说个不停，豆子就在温柔地笑着，听大花说着好多有趣的事。

大家都说，豆子变化很大，自从笑容多了之后，人也变得比从前有自信了。

还有人说，以前没觉得豆子有多好看，可是现在感觉她十分越耐看，尤其笑起来的时候，露出来的那两颗小虎牙，真是怎么看怎么可爱。

当然了，这些话别人不可能当着豆子的面去说，因为现在，听到别人的夸赞时，豆子仍然很爱脸红，她一脸红，就喜欢低着头，这样大家就看不到她可爱的样子了。

后来，有一次联谊赛上，她又被文艺委员拉去唱歌，说大家都很喜欢她两年前唱的那首《水调歌头》，今年可不可以再来一回？

豆子站在那儿恍惚了好久才反应过来，距离第一次她登台唱歌已经有两年了。

这年的豆子已非往日，她跟文艺委员说不想唱歌了，想弹一首古筝。

文艺委员惊讶地问："你会弹古筝？"

豆子点点头："会的。"

"你想弹什么曲子？"

"高山流水。"

文艺委员赶紧记下来，跑去跟班主任汇报今年豆子要弹古筝。班主任也十分惊讶，由衷地感慨："豆子一年比一年变化大，你们在玩儿的时候，她在默默地厚积薄发，看着吧，将来她肯定比你们这些毛头小孩儿走得长远。"

文艺委员挠头直笑，在旁边调侃："老班，我也是你学生，你这样在你学生面前夸另外一个学生的好，就不怕同学之间闹矛盾么？"

这番话把班主任给说笑了："你们这帮熊孩子，以前总说豆子的时候，没见豆子反击说你们。现在豆子好了，我还夸不得了？"

文艺委员立马立正站好，朝班主任敬了个礼："老班，我可说不过你，现在豆子是我们的宝儿，我得去呵护她，我们压轴的节目可就靠着她了。"

关于压轴这件事儿，文艺委员也没敢跟豆子说，因为有一次豆子跟文艺委员说了一句话，她说："我弹古筝还不太熟练，为了班级荣誉，你可一定再找几个好节目撑场面。"

文艺委员一口答应下来，背地里却什么人都没找。跟豆子相处久了，文艺委员对豆子也有几分了解，知道她做事稳着呢，要是没个金刚钻，她压根就不敢揽下那瓷器活儿。

事实证明，文艺委员想的一点也没错，到了联谊赛那天，豆子坐在台上弹的那一首《高山流水》，惊艳了在场的每一位观众。曲子弹完之后，台下依旧掌声涌动。豆子站在台上给台下的人鞠躬，然后对着他们使劲儿的笑。

如今她已经能够接受别人的夸赞跟掌声，只是人多的时候，她还是不知道要说什么，可是她一点也不着急。自从开始弹古筝之后，她总觉得一切都可以慢慢来，反正她还年轻，以后有很长的路要走呢，总有一天，她能大大方方地跟人聊天，也能像其他人那样想说什么就说什么……

比赛结束后，她回到班里的第一件事，就是找到大花，握住她的手，激动地说："大花，你听见了没，这个曲子是我给你弹的。"

大花兴奋地抱住她："哎呀，你早说啊，我还以为是我自作多情了呢。"

伯牙、子期，高山遇知音。这段情谊流传千古，豆子想把这份情延续下去，大花也想。

那天晚上，两个女孩儿手牵着手，一起说了好多好多的话。

当然了，主要还是大花在说，豆子在笑。

时光美好的就像是童话一样，大赛结果出来，豆子拿了第一名，大花高兴得跟自己拿了奖一样，逢人就说我家豆子多好多优秀。

豆子还是那个豆子，却也不是那个豆子，她变得比从前更加美好，却又保持着那颗初心。

别人夸她的时候，她会学着适应，然后跟自己说，“加油，你会比现在更好。”

她已经不再低着头，走路的时候昂首挺胸，腰板挺得很直。

当初那套宽大的校服，如今也变得正好合身，因为她这两年长高了好多。

远远看过去，她如一朵开得正好的荷花，清纯而不妖艳。

如果你身边也有豆子这样的人，她胆小、有些自卑、还不爱说话，那么请给她一点鼓励，她会慢慢地给你惊喜，会让你看到她一点点变得美好。

也许到了那个时候，你便会发现，其实最后有一天，当初再不起眼的人，只要自己努力去改变，都会变成心中最想成为的样子。

所以，你还在担心什么呢？什么都不用担心，因为，总会有一天，我们都会成为自己心中最想成为的样子。

4.3 当你脆弱的时候，你会想起谁？

2016 年，对我来说，真的是一个很不一样的年份，首先，这一年，我 25 岁了。这是一个什么概念呢。

如果你在这个年纪不小心犯了错误，别人会这么跟你说：多大了，你还以为自己是初出茅庐的小姑娘么，做事情之前不动脑子，想想这么做对不对？

但凡你稍微想要解释一下，对方就会说：行了行了，你别解释了，解释就是掩饰，掩饰就是事实。像你这么大的人，在过去的话，生的孩子都该打酱油，你看看你有什么，除了四处漂泊，除了能吃上口饭，你说说，你还有什么？

其实，不只在过去，哪怕是现在，像我这个年纪的人，其实很多人也结婚了。以前一起上小学、高中、大学的人，该失恋的失恋，该恋爱的恋爱，最后结婚，生子，过着平凡又幸福的生活。

他们说："玲子，其实现在有家有口了以后吧，还是挺想回到单身贵族的。像你这样多好啊，一人吃饱，全家不饿……"

没等他们把后面的话说完，我就幽幽来了一句："要不我跟你们换？"

此话一出，他们立马就笑哈哈换了别的话题。

是啊，大家都不傻，单身的话，说说就好了，要是来真的，谁愿意放着和和美美的家庭不过，跑去过孤孤单单的生活？

（1）有些说不出口的遗憾

在我 24 岁的这一年，关系最好的铁哥们儿向阳要结婚了。婚期定下来之后，他给我打电话，说终于告别单身汉的时代。我在电话里就调侃他，说，星星必须得感谢我当年不答应做你女朋友这个恩情，否则哪儿来的她啊。他顿时就乐了，笑完之后，很郑重地跟我说："我想让你做星星的伴娘。你也知道，从小到大一起走过来的朋友，掰着手指头都能数得过来。"

我答应他："如果我后面行程不赶的话，就做你媳妇儿的伴娘。"

星星这个女孩子，虽然我总共没见几次，可是印象中，她总是温柔地笑着，她坐在哪里，向阳自然而然地就坐在哪儿，手往她的肩膀上一搭，看上去特别和谐。说是天造地设的璧人，一点都不为过。

这个女孩子见到我的第一眼，就跟我说："嗨，我早就知道你了，他把你俩的事儿，全都告诉我啦。"

我一脸坏笑地问她："以前他追过我，你不吃醋么？"

星星大方地摆了摆手："他能追你，说明他有眼光啊。要是追的歪瓜裂枣、心思不正的人，那就证明我也不是什么优秀的人，对不对呀？"

她朝我眨了眨眼睛，模样俏皮又可爱，我当时就在心里想，这个女孩儿的情商很高，夸我的时候也不忘夸她自己，言行举止都可圈可点，趁着星星不注意，我悄悄地跟向阳竖起大拇指，用口型跟他说："她很不错。"

那天晚上，我跟星星睡一张床，一直在聊向阳的事，扒完了他的糗事，我们两个都哈哈大笑起来，互相看了对方一眼，大概是彼此都没有想到，明明是那么陌生的人，却能有这么多的话题可以聊……

这一见之后，我回到了武汉，继续我的奔波生涯，再联系到他们，竟然是他们要结婚的日子。这天晚上，我好好计划了一下时间，非常想在他们的婚礼上出现，作为他最好的朋友，一起见证对他来说十分重要的时刻。

第二天，向阳就给我发了信息，说伴娘的礼服已经挑好了。

我的个子很矮，也很瘦，再加上那段时间长期熬夜写稿，体重不到 40 公斤，有些担心礼服的大小会不会跟我不合适，于是发了短信问他，他很快给我回了信息，说已经找到了加小码的礼服，还配了高跟鞋，我什么都不用操心，只要那一天能到就好了。

于是我安安心心开始筹备怎样做一个完美的伴娘，我甚至开始在脑海里走程序，那一天我应该是站在星星的身侧，然后陪着她一起度过那难忘的一天……

理想很圆满，可现实却总是留有遗憾。因为，我忽然发现老妈的胃病其实比我想象中的还要严重，我连忙买了机票，准备带她去武汉做检查。订完票的时候，我心里万分失落，不能做哥们儿的伴娘……

因为不能耽误他的婚礼，我只能压抑着这份郁闷，给他打电话。电话那头他连连说着没事，可是我那么了解他，他的语气里，我又怎么可能听不出来他的失落与遗憾。

是啊，我们彼此陪伴着对方成长了这么多年，一起笑过，一起野过，一起偷偷地说着某某的坏话，还一起打过小抄……。如今他要结婚了，那一天，肯定会有很多人前去参加，可是我却缺席了。

生命中可以有很多次重逢跟相聚，可是婚礼这辈子，可是只有一次啊。

（2）有些说不出口的感慨

飞机离开乌鲁木齐上空，我看着窗外久久出神，老妈问我："你怎么看起来有点不开心。"

我说："向阳的婚礼没去成。"

老妈是看着向阳长大的，自然知道我跟他的关系一向好的要命，她说："婚礼没去成也没什么，难道他还能因为这个跟你闹掰？"

闹掰自然谈不上，只是心里的那种遗憾真的很难用语言来描述清楚。我转过头看着我老妈，正努力想着什么词儿，来把我心里的苦闷说出来，结果老妈歪在座椅上，沉沉地睡着了。

这是老妈第一次坐飞机，她一点也不害怕，也不恐高，只是长途旅行，坐了四个多小时的大巴，又要坐四个半小时的飞机，着实让她有些吃不消了。

我按了服务铃，空乘小姐很快就来了，问我有什么需要帮忙。我指了指老妈，放轻了声音："她睡着了，麻烦你帮我拿个毛毯过来，谢谢你了。"

等空乘帮我拿来了毛毯，我轻轻盖在老妈的身上。这是我从记事开始之后，第一次离她这么近。假如你之前在哪里看过我的文字，就应该知道，从学前班开始，我就一直住校，小学、初中、高中、大学、工作……，从来都没有在家里住过。老师常年教育我们，要独立自强，要孝敬父母，所以即使有自己不能解决的麻烦，我坚决不会找父母，而是转而向别人求助，所以，逢年过节回家，我大包小包地买，以为这就是孝顺，可是事实真的是这样么？

从来不会自我怀疑的那个我，坐在飞机上，开始自我批判。老妈年岁渐长，身体也一年不如一年，可我却一直都没发现。每次回家的时候，她总是去车站接我，到了农忙季节，如果她顾不上接我，一定会把家里的钥匙留给邻居，不会让我无处可去，还不到天黑，她就赶回来给我做饭。

老妈厨艺很差劲，做的饭菜除了咸味儿就是酱油味，要是心情好点儿，她还会再加一点鸡精，每次吃她做的饭，我总是抱怨，说她喜欢将就，没有一点生活品质。她总是跟我说："人活着本来就不容易了，哪儿还有工夫过什么品质……"

当时我心想，现在都什么年代了，难道还能把人饿死么？只要饿不死，怎么就不能把生活质量提高提高了？

给她盖完毛毯，我看见她发根隐隐约约有些白发，忍不住有些诧异了。她才不过 50 岁，发根怎么会有那么多白色的。趁着她睡着之后，我轻轻拨了拨她的头发，这才发现她的发根都是白色的，也就是说，其实她表面的黑发，也是染出来的。

我心理上不太能够接受这个事实。我认识很多 50 岁的女人，其中很多都穿着漂亮的衣裳，在咖啡馆喝茶聊天，不然就是去公园里跳广场舞，打太极拳，日子过得要多悠闲就有多悠闲，完全没有白发。可是我的老妈……，这可是我最亲爱的老妈啊！

我的心好像被一块大石头压住了，几乎快要喘不过气来。

每逢回家，那些叔叔阿姨只要看到我，都会拉着我猛夸，说我多孝顺多孝顺，逢年过节都知道回家看看。就算去了大城市，可是却一直对父母很好，说我爸妈没有白养我这个女儿。

因为长辈们说这话的次数太多了，久而久之的，我也从心底上认为自己真对父母还不错。可是现在呢，现在我要将之前的一切全部推翻。从大学毕业之后，我忙着自力更生，很少有时间回家去看看家里，不知道老妈是什么时候开始起有的胃病，也不知道她是怎样变白了头发。

飞机穿梭于云彩之上，阳光在云彩上染出好看的光芒，可是这美景我根本没有心思去看，我侧过头看着睡得正香的老妈，不知道做着什么好梦，她嘴角还带着微微的笑容。

忽然的，我鼻子一酸，眼泪忍不住掉了下来。她白了头，没有悲白发，皱纹爬上了脸，也没有感叹岁月蹉跎，她永远那么忙，我跟哥哥小的时候，她忙着给我们挣学费、生活费。我们长大了，她忙着让我们过上更好的生活。这一生，她从来没有为自己忙过一回。

以前从书中读到母爱的伟大，我总觉得其实不过如此，不就给孩子缝补个衣服，做几顿饭，就能写出那么矫情的文字，未免太过造作。

而此时此刻，我却无端生出一种感慨：这个世界上，除了你的母亲之外，不会再有第二个人会半夜不睡，替你缝补坏掉的衣服；也不会有人认认真真给你做饭，当你在盘子里挑挑拣拣、抱怨饭菜不合胃口的时候，那个人还任由你说。要是换作别人，你爱穿不穿、爱吃不吃，跟我有什么关系？

是母亲、也只有母亲，会关心你穿的舒不舒服、吃的饱不饱，她会觉得，只要你吃饱穿暖，再大的事儿，也都不是个事儿。

（3）有些说不出口的难过

到了武汉，我跟老妈在我租的地方歇了两天。她看着我租的地方，说我一个女孩子家，怎么能住的这么破旧，不如回家去……

其实我很想跟她说，市中心的位置，能用一千多租下来，已经很便宜了。哪儿还管它破不破，但是只要一想到这话，只要我出来，她肯定会更加担心我在外面会过不好，于是只好作罢。

隔了几天，我带她去协和医院看病，医生说她的胃病可大可小，需要按时吃药，少劳累，多休息，注意调养，忌冷酸辣甜的食物。我把这些一一都跟她说了之后，她像一个孩子一样的小声抱怨："这不让吃，那不让吃，那活着还有什么意思。"

我脸一沉，俨然一个大人教训孩子的口气："你必须得听医生的话，不然难受的准是你。"

后来在武汉的这段时间，她只要想吃那些不该吃的，我就大声训斥她，她眼一垂，低着头，像极了受了委屈的孩子。

虽然老妈上学很少，几乎没有学过任何地理知识，可是她也清楚，过了湖北，就是河南的地盘，武汉离河南就更近了，她在我这儿一直念叨着想要回老家看看。于是在武汉住了一个多月，我带着她踏上了河南的征程。

进了高铁火车站，我教她认高铁票，教她看车次跟发车时间表，售票厅里，我一遍遍地教，可是她无论如何就是看不懂。

终于，所有的好脾气跟耐心都用完了，我跟她大声地说：“我都说了这么多遍了，你好歹记住一点啊，学不会看车票，将来你要是想回老家，我不带你回来，你怎么回？”

她低着头半晌不说话，我气得往前走，她像是怕跟丢了我，一直在我身后追，我走着走着，眼泪不争气地就往下掉，当她老成了孩子，我却不能像当年她如同大树一般曾经给我的庇护，但凡需要我耐心去教的时候，我三两句就容易上了脾气。可是对别人呢，对别人我总能和颜悦色。为什么我不能拿一点耐心去对我的老妈……，那是我最亲爱的人呐！

倔强如我，必然是不会让老妈看到我掉眼泪的，我抬起衣袖，抹干净眼泪，然后站在原地等着她，她很快就追上了我，小声嘀咕：“干嘛那么凶，我不是还有你么，要是我想回老家了，就喊你带我回去不行么？”

那语气里对我的信任与依赖，让我差点又要哭了，我深深吸了一口气，压下那没出息的劲儿，说：“好，好，不学看车票就不学了，你跟紧我，不要跟丢了。”

她连连点头，乖巧的像个孩子。

回了河南，我开始购置探望亲戚的礼品，拿钱包付账，她就只负责站在我身后看着就好。遇见卖的贵的老板，我跟他杀价还价，就跟当年的她一个样儿。

去小舅家的路上，经过一个卖米花糕的小贩，我顺手给她买了一些递给她，她嘟嘟囔囔地说了一路："我又不是小孩儿，你给我买这个干什么。"

"能干什么啊，让你吃呗。"

"让人看见了多不好，以为我贪吃……"

"谁爱说让谁说去，不服气自己买来吃。"我笑着说，一回头，看见老妈脸上挂着笑容，嘴都快合不拢了。

知道她爱吃这个，这么多年一直都没有变过。她容易满足，就跟我小时候一个样子。她活成了我当年的模样，我想在这个时候加倍对她好，就像她当年对我那样。

晚点时候，到了小舅家，小舅拉着我一直聊天，说我老妈当年如何如何苦，那时候家里穷，为了让小舅念书，她硬是不上学去割草喂猪……

那个离我很遥远的时代，我仿佛看见一个少女背着草筐，在炎炎夏日的时候挥舞着镰刀割草。那个少女以为结婚之后，能摆脱这种劳苦命，谁知结婚之后，要更加地操劳。晚上我跟老妈睡在一起，死活抱着她的腰不肯撒手，她就觉得我好奇怪，问我是不是冷。

我忙不迭地点头，我要疼她，要加倍地疼她。

后来我有事要回武汉，她想在河南多住一阵子，她的兄弟姐妹、她的妈妈都在那儿。我想了想，答应了，跟她说，等我回新疆的时候，再接她回家。

老妈在河南的那段时间，我躲在房子里写稿子时，就会想到她在我这儿住的光景，每天早上起来给我做好饭，然后提醒我不要对电脑太长时间，她是个闲不住的人，时不时擦一擦我房间里的东西，再或者浇浇花。我不想让她累着，就拿出另外的笔记本让她看综艺节目。她找了个倪萍主持的《等着我》，看着看着却哭成个泪人。抱着枕头泪汪汪地看着我，说她们过的好不容易。那时候我摇头失笑，她自己过的就不容易呢，还感慨别人……

而现在我一个人住，如果自己不做饭，只能吃外卖。就算工作起来，写稿子写的日夜颠倒，也不会有人来过问一句，没有人提醒我该怎样不该怎样。我一个人活着，一个人过生活。

那些寻常的点滴温暖，仿佛在这个时候都成了十分想念的事情。

不知不觉，眼睛又开始微微发酸。这种情况下，我只能闭着眼睛，缓缓地吐一口气，告诉自己，玲子，你要振作，要坚强，你要活得很好，这样才能对得起每一个关心你的人。

（4）有些说不出口的失落

前两个月，我在一个月内收到了两个大学同学同时结婚的消息，隔一个月，小时候玩儿到大的闺蜜，也跟我说了结婚的事情。

大学同学结婚的时候，我给她们两个发了微信，问她们是不是没有把我当朋友，结婚这么大的事情都不跟我说，她们两个不愧是我舍友，说出口的话都一个模板里刻出来的：“你忙啊，赶稿子的时候整夜整夜不睡，我们不敢打扰你，怕让你分神。”

我说：“就算我再忙，可是我难道连一天的时间都抽不出来么？”

“你是我们的好朋友，我们哪儿舍得你这么辛苦，武汉离乌鲁木齐，光飞机就得四个半小时，你再回武汉，又得四个半小时，这还不算你赶飞机打车的时间。”她们说的通情达理，我找不到半点可以挑剔的地方。

可是看着她们在微信圈里发的照片，心里真的很难受啊。大学生涯里，关系好的人都到场了。只有我一个人缺席，我已经被她们隔离在外，尽管这种隔离出自善意。

闺蜜结婚时倒是提前跟我说了，也说了不用来看她，我在她心里，就跟她在我心里一样。那段时间，正是赶稿期，我尽力不让自己胡思乱想，可是只要每天晚上躺在床上，脑袋就愈发清醒，想想在外奋斗的这些年，我这么努力拼搏，得到了什么？

向阳的婚礼我最终没有做伴娘。

老妈白了头，得了胃病，我却后知后觉，除了拿钱给她看病，什么忙都帮不上。

大学舍友的婚礼，我没有去。

闺蜜结婚，我依旧没有去。

我所错过的，都是对我来说弥足珍贵的东西，我错过了那些对于曾陪我走过孩提时代、少女时代的人最重要的时刻。那些会跟我一起又哭又笑的人啊，如今都正慢慢地用理解跟关心我的方式，与我渐行渐远。

现在我最不能听见的几个字就是“我们知道你很忙啊”，因为她们只要说这个话的时候，我不是已经错过就是即将要错过什么了。

随着年纪慢慢变大，心思也就会比从前细腻不少，以前没有考虑过的事情，现在也都会慢慢开始考虑起来。

比如那些说好要做一辈子最好的朋友的人，当初真的以为能一辈子，其实当你跟那个人不在同一个城市的时候，哪怕有心，也是无力。时间长了，感情总是要慢慢变淡。

比如以为老妈永远都是你记忆里的模样，可是实际上她却渐渐在衰老。

再比如，过去属于你最开心的关系圈，有一天你猛然回头，竟发现她们已经隔离在外。

想到这些，虽不至于悲恸，却有种无能为力的怅然若失。

也许到了最后，我们之所以能过的天下无敌、所向披靡，并不是真的自己变得坚强了，而是我们知道，这个世界上，其实你所想要依赖的那个人，到头来只有你自己。

没有任何人能一直陪着你走到最后，也没有任何感情能够一成不变永远如初。

（5）有些说不出口的脆弱

这一年，我已经 25 岁，由于长期从事文字工作，饮食跟睡眠都没有什么规律，导致身体素质急剧下滑，从 3 月初到现在，不是眼睛过敏，就是脸部过敏，这半年来，药就从来没断过。6 月初到 8 月中旬，我经期紊乱，就是在这两个月，我完成了十几万字的作品，将 S.A. 阿列克谢耶维奇的几部作品看完，还有时间去旧书店买了一些绝版旧书，短短两个月，我就跟加满油的汽车一样不知疲倦，快速往前冲着。连续两个月睡不着，我的时间变得很长很长，可以做很多很多的事，终于有一天，坏消息来了。

曾经一个人的时候，我可以走个几公里的路程，一点也不会感到累。可现在下个楼，都要靠在墙上喘着气，每次吃饭，只吃两口就会觉得饱。后来我终于撑不住，去了医院检查。

医生让我做了静脉抽血，抽血的时候，小护士看见我一脸惊恐，笑着说："你都这么大的人了，怕什么啊，不疼的。"

我闭着眼，一咬牙，如烈士一般伸出去胳膊，针扎到我血管的时候，猛然想起，小时候有一回生病，我死活不肯打针，老妈一把把我抱在怀里，从口袋里拿出一颗糖哄我："想不想吃糖？"

我点点头："想。"

"那你吃糖。"

我正拨着糖纸，针管就扎到血管里了，可能糖的甜蜜早就超过了痛感，我竟一点都没感到疼。可是现在呢，针管进去血管里，疼得眼泪掉下来，也再没有一颗糖帮帮我。

也许一个人孤单久了，总会莫名其妙就掉眼泪。好像这种方式就能排挤出去一点什么东西似的。

我擦了擦眼泪，跟小护士说了谢谢。回家之后，发现血管周围的地方都青了，坐在床上，我孤零零地抱着膝盖东想西想，拿着手机想跟好朋友诉诉苦，说说我最近身体怎么不好。

可是手机打开之后，看着一百来个人的电话单，却不知道这个时候要打给谁。

我最好的朋友们都已经结婚，他们有他们的家庭，他们也有他们的事情做。我不能去打扰他们……，这时我恍然间明白了，为什么他们没有让我去参加他们的婚礼，他们的心里确实是有我的，只是距离也确实远了。

说真的，这种感受真心让人挺难受的。彼此的心中都还有对方，可是现实它总是有一些本事，能叫你在明明心存对方的情况下却力不从心。

这几天，就算再睡不着，我也不会再去看书或者写字，我必须得靠着自己把身体养上去，得让自己休息几天了。

再回到医院拿血检单，医生跟我说："你现在的身体状况，自己应该能感觉得到，经期紊乱跟心理压力和工作劳累程度有关系，你得试着做一下调节，尽量少熬夜，按时吃饭，想点开心的事情。"

这一天回家，我找了几个好看的片子，拿着薯片爆米花，一边看电影一边吃爆米花，消磨了一下午的光景。

晚上睡觉的时候，我尽量不去想那些还没有完成的作品，也完全不去理会编辑的催稿，努力去回忆能让我高兴的事情。

这天晚上，我做了一个非常美妙的梦。

梦里，我回到小时候，穿着脏兮兮的衣裳跟小伙儿伴们玩得不亦乐乎。玩儿累了，就跑到大树底下乘阴凉。新疆的天气真是怪啊，大夏天的，外面可以三十多度，可是树荫下只有二十几度，我跟小伙儿伴们推推搡搡吃着两毛钱的冰棍，嘴巴上都被冰棍的红色染红了，我们嘲笑对方，说对方是丑八怪。

树荫下的我们背靠着背，抬头看着湛蓝的天空。

"你的梦想是什么？"我问小伙儿伴。

"吃饱穿暖，一辈子有冰棍吃。你的呢？"

"能写点东西变成钱，然后不上班就能养活自己。"

"加油，我觉得你成的！"

"你也加油，一辈子有冰棍吃，也不难啊。"

我们聊了好久，直到天黑下来，我们各自回各自的家。走到家门口，我看见老妈站在门口正往我这边看。看到我满身脏兮兮的样子，就大声训斥我："又弄得脏兮兮地回来，看你嘴巴红红的，是不是又买冰棍吃了，跟你说了多少次，那东西不能吃，电视上都播了，说是色素，对人不好的……"

"哎呀，老妈，不要啰嗦啦，我下回不吃还不行么？"

"再敢跟我顶嘴，信不信我打你啊。"老妈抬起手威胁我，又领着我回家吃饭……

吃着吃着，我就睁开了眼睛，窗外阳光明媚，好梦一场，让我笑的嘴角都酸了。

今年我 25 岁，身边有不少新朋友，老朋友渐渐远去。这一年我身体不算太好，总容易会感到孤单寂寞。

当我脆弱的时候，我会想起过去那些温暖的东西。

当你脆弱的时候，你又会想起谁？